# KUNST DER TARNUNG

## ART WOLFE

TEXT VON BARBARA SLEEPER

FREDERKING & THALER

Die Deutsche Bibliothek verzeichnet diese Publikation in der Deutschen Nationalbibliografie; detaillierte bibliografische Daten sind im Internet unter http://dnb.ddb.de abrufbar.



Konzeption und Umsetzung: Marquand Books, Inc., Seattle
Originaltitel: „Vanishing Act"; erschienen bei Bulfinch Press, Time Warner Book Group, New York, USA
Design und Typografie: Zach Hooker und Betty Watson
Lithografie: iocolor, Seattle

2. Auflage 2006


Übersetzung aus dem Englischen von Dr. Eva Dempewolf, Starnberg
Lektorat: Gudrun Honke, Bochum
Schutzumschlaggestaltung und Satz:
Petra Dorkenwald, München
Herstellung: Karlheinz Rau, München
Druck und Bindung: C&C Offset Printing Co., Ltd.

Printed in China

ISBN 3-89405-656-8

# INHALT

# VORWORT

Seit ich als Naturfotograf arbeite, habe ich mich immer herausgefordert gefühlt, bekannte Motive aus einer neuen, originellen Perspektive zu zeigen. 1994 ist mein Buch *Migrations* erschienen, eine Hommage an den holländischen Zeichner und Grafiker M. C. Escher, den Meister der räumlichen Illusion. In etwa so, wie Escher es mit dem Stift getan hat, spiele ich in dem Buch auf fotografischem Wege mit Positiv- und Negativformen, die durch eine Vielzahl gleich geformter, wandernder Tiere entstehen. *Rhythms from the Wild*, 1997 veröffentlicht, ist eine impressionistische Sammlung von Bildern, die, aufgenommen mit langen Verschlusszeiten, die Natur in Bewegung zeigen. Im Jahr 2000 hat mein Buch *Der Atem der Wildnis* dazu aufgerufen, mehr Lebensräume der wilden Tiere in Schutzgebiete umzuwandeln. Hier habe ich so oft wie möglich Weitwinkelobjektive verwendet. So konnte ich die Tiere aus größtmöglicher Nähe fotografieren, gleichzeitig aber auch einen wesentlichen Ausschnitt ihres Lebensraums mit ablichten. Schließlich ist dieser ebenso wichtig wie die Geschöpfe selbst.

In jedem dieser Bücher habe ich versucht, mit fotografischen Mitteln über die konventionelle Art der Tierfotografie – das heißt die Isolation des Motivs durch gezielte Fokussierung – hinauszugehen. Bei der herkömmlichen Methode steht das Tier scharf abgebildet im Mittelpunkt, während Vorder- und Hintergrund durch eine gewisse Unschärfe an Bedeutung verlieren. Aber ist das tatsächlich die Art und Weise, wie wir Menschen ein Tier in der Natur wahrnehmen? Sicher nicht. Unser Auge verfügt nicht über die eingrenzenden Eigenschaften eines Teleobjektivs. So gut wie immer sehen wir Tiere zumindest teilweise von ihrer natürlichen Umgebung verdeckt – was sowohl für Raubtier- als auch für Beutetierarten unerlässlich ist, wenn sie überleben wollen.

*Kunst der Tarnung* ist ein Bilderbogen der unglaublichen Fähigkeit von Tieren, sich vor aller Augen unsichtbar zu machen. Um dem gerecht zu werden, habe ich drei fotografische Praktiken benutzt und mich zusätzlich bemüht, das Auffinden der Objekte möglichst zu erschweren – damit es im Bild fast genauso schwierig wird, Tiere zu entdecken, die nicht gesehen werden wollen, wie in der freien Natur. Natürlich ist es unmöglich, auf einer Fotografie all die Sinnesreize einzufangen, die in einer Landschaft ablenkend auf uns wirken. Daher habe ich die Fotografien dieses Buches bewusst als Suchbilder gestaltet, indem ich die folgenden Aufnahmetechniken verwandte:

1. Ausdehnung der Tiefenschärfe: Dadurch, dass ich *alles* – Vordergrund, Hintergrund und das eigentliche Motiv – gleich scharf aufgenommen habe, erhält das Auge kein Hilfsmittel hinsichtlich Priorität.
2. Maßstab und Platzierung: Dadurch, dass ich das Tier im oberen Drittel des Bildes oder in einer Ecke platziert habe, verstoße ich gegen die traditionelle Gewichtung der Naturfotografie, bei der sich das Objekt gewöhnlich in der Mitte befindet und sofort ins Auge fällt.
3. Ablenkung vom Objekt: Dadurch, dass ich das Tier zusammen mit etwas aufgenommen habe, das größer oder heller ist als es selbst, lenke ich die Aufmerksamkeit des Betrachters vom eigentlichen Motiv ab.

Wie bei den meisten meiner Projekte hat auch die Arbeit an diesem Buch sehr viel Zeit in Anspruch genommen. Tiere in ihrem angestammten Lebensraum ausfindig zu machen und zu fotografieren ist eine ungeheuer spannende Aufgabe, die aber auch große Sorgfalt verlangt. Wieder daheim, wusste ich, dass ich mein Ziel erreicht hatte, als Bildredakteure und Freunde die abgelichteten Tiere nicht auf den ersten Blick entdeckten und verblüfftes Erstaunen bekundeten, als es ihnen doch endlich gelang. *Kunst der Tarnung* ist ein ausgesprochen interaktives Buch. Manche halten es für ein ideales Kinderbuch – aber warum soll der Spaß allein Kindern vorbehalten bleiben? Ich hoffe, auch Sie haben Freude daran, auf Entdeckungsreise zu gehen und sich davon überraschen zu lassen, wie die Evolution dafür gesorgt hat, dass diese Arten bis heute überleben konnten.

Art Wolfe

# EINLEITUNG

*»Die Evolution favorisiert den Schwindler. Bei jeder Art hat immer das Individuum die größten Überlebenschancen, das rivalisierende Artgenossen, Fressfeinde und Beutetiere am besten zu täuschen vermag.«* Mary Batten

Täuschung und Tarnung, Maskieren und Ködern spielen offenbar eine führende Rolle, wenn es darum geht, als Spezies zu überleben. Die Überlebensstrategie zahlreicher Geschöpfe besteht im Wesentlichen darin, sich unsichtbar zu machen – das Auge des Raubtiers oder des Opfers so in die Irre zu führen, dass es nicht bemerkt wird in seinem Versteck.

Der Maler Abbot Handerson Thayer (1849–1921), einer der bekanntesten amerikanischen Künstler der Jahrhundertwende, war der Erste, der eine höchst skeptische Öffentlichkeit davon zu überzeugen suchte, dass man, sofern man nur die richtige Farbe einsetzt, praktisch alles verschwinden lassen kann. Sein Interesse an der Camouflage, der »Schutz- oder Tarnfärbung«, begann Anfang der 1890er-Jahre. Seine Liebe zur Natur mit seinem künstlerischen Wissen verbindend, entwickelte er eine Theorie der Tarnung im Tierreich, die auf den optischen Eigenschaften von Licht und Schatten basiert und von ihm deshalb »Gegenschattierung« genannt wurde.

Thayer zufolge »sind Tiere von Natur aus an den Körperteilen am dunkelsten, wo sie vom Himmel am meisten beleuchtet werden, und umgekehrt«. In anderen Worten: Sonnenlicht hellt die stärker pigmentierte Seite auf, während Schatten die hellere verdunkelt. Und die unregelmäßige Zeichnung, der wir im Tierreich allerorten begegnen, fördert diese optische Täuschung noch zusätzlich. Die Wirkung von Gegenschattierung besteht, so Thayer, darin, die Dreidimensionalität eines Tiers aufzuheben und es in seiner natürlichen Umgebung mehr oder weniger verschwinden zu lassen.

Überzeugt, dass diese Theorie auch Menschenleben retten könnte, stellte Thayer seine Erkenntnisse 1898 der US-Armee für den Spanisch-Amerikanischen Krieg zur Verfügung. Doch die Militärs zeigten keinerlei Interesse. 1915 griff der amerikanische Porträtmaler John Singer Sargent die Thayer'sche

These auf und machte Sir John Cowan vom britischen Kriegsministerium damit bekannt. Doch es vergingen noch einmal zwei Jahre, bis die Briten 1917 – der Erste Weltkrieg nahm immer furchtbarere Ausmaße an – Thayers Idee in die Tat umsetzten und die ersten Tarnuniformen entwarfen. Als Thayer nur vier Jahre später im Mai 1921 starb, ehrte ihn die *New York Tribune* mit dem Titel »Vater der Camouflage«.

## Fressen oder Gefressenwerden

Wir leben in einer Welt des Fressens oder Gefressenwerdens, und nirgendwo tritt dies deutlicher zutage als im tropischen Regenwald. Was auf den ersten Blick wie ein Haufen welkes Laub aussieht, bewegt sich mit einem Mal. Ein scheinbar halb verrottetes Blatt, komplett mit Blattadern, verdorrten und angefressenen Stellen, bekommt plötzlich Beine und fängt an zu laufen. Bei näherem Hinsehen erkennt man: Das ist kein Blatt, sondern eine Blattschrecke. Gar nicht weit entfernt drückt sich ein Laubfrosch eng an ein flechtenbewachsenes Stück Holz; seine Körperhaltung, gesprenkelte Zeichnung und reglose Starrheit machen ihn für ein ungeschultes Auge unsichtbar.

In einer Welt, in der nichts so ist, wie es scheint, ahmen Insekten dürre Zweige nach – oder Blätter mit falschen Tautropfen. Pastellfarbene Orchideen verwandeln sich plötzlich in räuberische Fangschrecken. Echsenköpfe entpuppen sich als Schwänze, und was wir für Blüten an einem Ast halten, fliegt unvermutet als Schwarm junger Zikaden von dannen, was wir als Spiel des Sonnenlichts auf einem Baumstamm ansehen, flattert als Nachtfalter durchs Unterholz davon.

Insekten sind berühmt-berüchtigte Tarnkünstler. Sie haben ausgefeilte Verteidigungsstrategien entwickelt, um dem Gefressenwerden zu entgehen. Weibliche Krabbenspinnen verändern ihre Farben, indem sie flüssige Pigmente aus ihren Innereien in eine obere Hautschicht wandern lassen. Das Amerikanische Tagpfauenauge öffnet bei Gefahr seine Flügel zu einem Paar riesiger eulenartiger Augen, um Feinde abzuschrecken. Rindenwanzen in Mittelamerika dunkeln bei Kontakt mit Wasser umgehend nach – damit sie die Farbe der Baumrinde behalten, die in einem Tropengewitter ja auch dunkler wird.

Im Rahmen ihrer Entwicklung vom Ei zum erwachsenen Tier setzt eine Schwalbenschwanzart gleich mehrere »Verkleidungen« ein. Anfänglich sieht die Larve aus wie Vogelkot, dann ahmt die grüne Raupe – auch in der Bewegung – eine Schlange nach, mit falschen Augenflecken und orangefarbener »Zunge«. Im Puppenstadium ähnelt sie einem toten Aststück, das von einem Baumstamm absteht. Und wenn der fertige Falter schlüpft, wechselt das Insekt seine Grundstrategie: Es lässt die Schutztrachten hinter sich und setzt nun leuchtende Warnfarben und -gerüche ein, um gefiederte Fressfeinde abzuschrecken.

Einige »Hochstapler« ahmen sogar die Geräusche des imitierten Vorbilds nach. Der Totenkopfschwärmer erzeugt mit seinem Rüssel einen quietschenden Ton, der dem Zirpen einer Bienenkönigin nahe kommt, und verschafft sich so Zugang zum Bienenstock, wo er mit seinem langen Rüssel die Honigwaben anzapft. Bestimmte Schwebfliegen sehen nicht nur aus wie Wespen, sondern klingen auch wie diese. So perfekt ist die Nachahmung, dass zwischen Original und Fälschung nur drei Flügelschläge liegen: 147 Flügelschläge macht die Schwebfliege in der Sekunde, 150 die Wespe.

Ähnlichen »Trickbetrügern« begegnet man in einem Korallenriff. Als algenbewachsene Steine getarnte Anglerfische locken Beutetiere an, indem sie eine »Angel« mit fleischigem Hautlappen vor ihrem Maul baumeln lassen. Je nach Spezies kann dieser Köder die Form eines Wurms, einer Alge oder sogar eines kleinen Fisches annehmen. Anglerfische haben also eine perfekte Strategie gefunden, bei minimalem Energieaufwand größtmögliche Beute zu machen und sich gleichzeitig vor Fressfeinden zu verstecken.

Die Welt der Tiere ist reich an Tarntrachten, Mimikry, Gegenschattierung und Gestaltauflösung. Zu den bekanntesten zählen Leopardenflecken, Zebra- und Tigerstreifen, das Netzmuster der Giraffe und die weißen Tupfen von Hirschkalb und Rehkitz. Die Streifen eines Zebras mögen vielerorts ins Auge stechen, doch betrachtet man ein Zebra aus der Perspektive eines Löwen, verschwimmen die senkrechten weißen Streifen plötzlich mit dem hellen Himmel und lösen die Silhouette des Tieres auf. Fühlt eine Zebraherde sich bedroht, sprengen die Tiere in alle Richtungen durcheinander und erzeugen so ein kaleidoskopisches Bild ständig wechselnder Muster, das die Raubtiere völlig aus dem Konzept bringt.

Von Krabbenspinnen, die Vogelkot gleichen, und Nachtfaltern, die Hummeln nachahmen, über »zweiköpfige« Echsen bis hin zu Fliegen, die Bienen imitieren – die Inszenierungen sind ebenso verblüffend wie bizarr. Insgesamt freilich illustrieren sie den evolutionären Rüstungswettlauf zwischen Raubtier und Beute. Und darin zeigen sich Täuschung, Tarnung und Maskierung eben immer wieder als besonders erfolgreiche Strategien.

## Die Kunst, sich unsichtbar zu machen

Aus dem Füllhorn der Biologie schöpfend, hat der berühmte Fotograf Art Wolfe seine beiden großen Talente, die Tier- und die Landschaftsfotografie, kombiniert und staunenswerte Porträtaufnahmen von Tieren geschaffen, die sich in malerischer Umgebung verbergen.

Jedes einzelne Foto könnte als Kunstwerk bestehen. Schauen Sie genau hin, dann entdecken Sie Art Wolfes raffinierte Kompositionen und die sublime Verwendung von Farbe, Licht und Mustern, mit der er die getarnten Tiere vorstellt. Die Suchbilder sollen Spaß machen und auch Wissen vermitteln. In jedem Fall aber veranschaulichen sie, warum wir die Tiere, die in unserer Umgebung leben, so oft übersehen.

Die Aufnahmen zu diesem Buch sind in mehr als zehnjähriger Arbeit entstanden. Auch wenn er für andere Projekte unterwegs war, ließ Art Wolfe keine Gelegenheit ungenutzt, Tiere zu fotografieren, die sich versteckten. Dabei musste der Fotograf sich selbst so manches Mal unsichtbar machen. Und so dokumentiert er nicht nur, wie jedes Tier sich dem Blick entzieht, sondern durch Bildkomposition, Blickwinkel und Beleuchtung gelingt es ihm auch, die jeweilige Tarnung noch zu verstärken.

In einer Zeit, in der viele Spezies für immer verschwinden – weil sie durch den Verlust ihres Lebensraums oder durch andere menschliche Übergriffe selten oder gar ausgerottet werden –, ist vielleicht aber wichtiger, dass dieses Buch die Schönheit und den evolutionären Scharfsinn der Tarnung im Tierreich so eindrucksvoll verbildlicht. Es illustriert den unbändigen Willen, in einer Welt am Leben zu bleiben, in der es im Grunde doch nur um das eine geht: Fressen oder Gefressenwerden.

Barbara Sleeper

GELBBAUCHIGES MURMELTIER

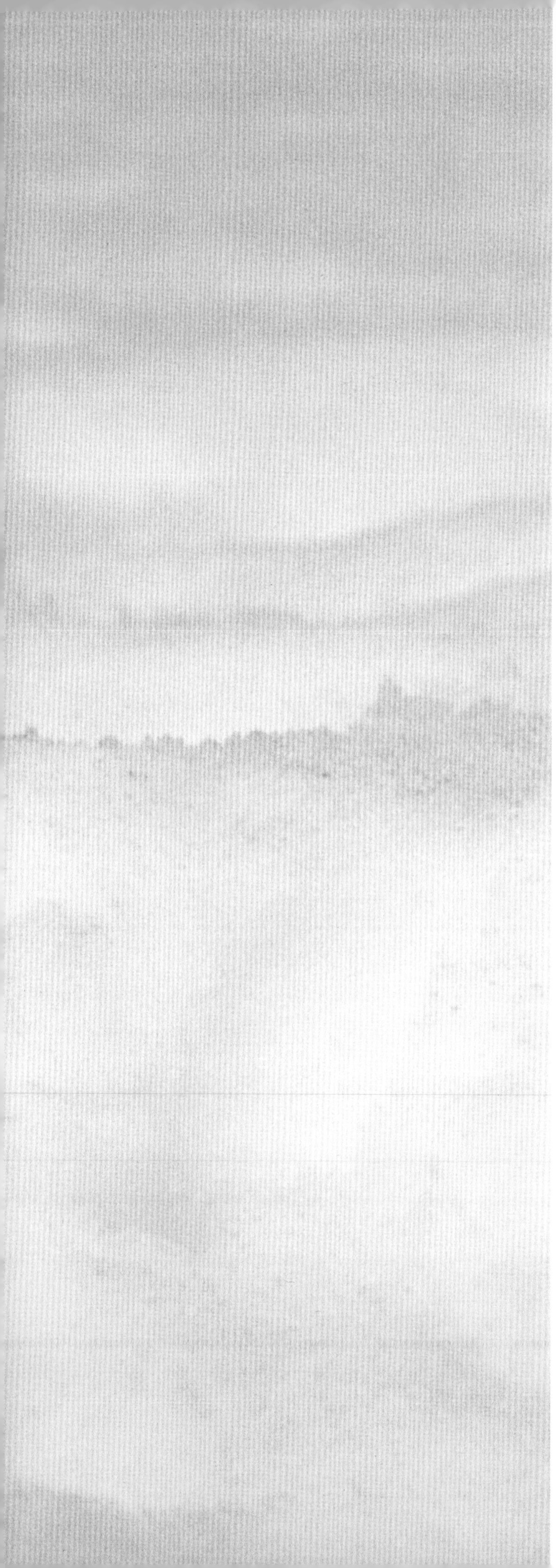

WEISSSCHWANZ-SCHNEEHUHN

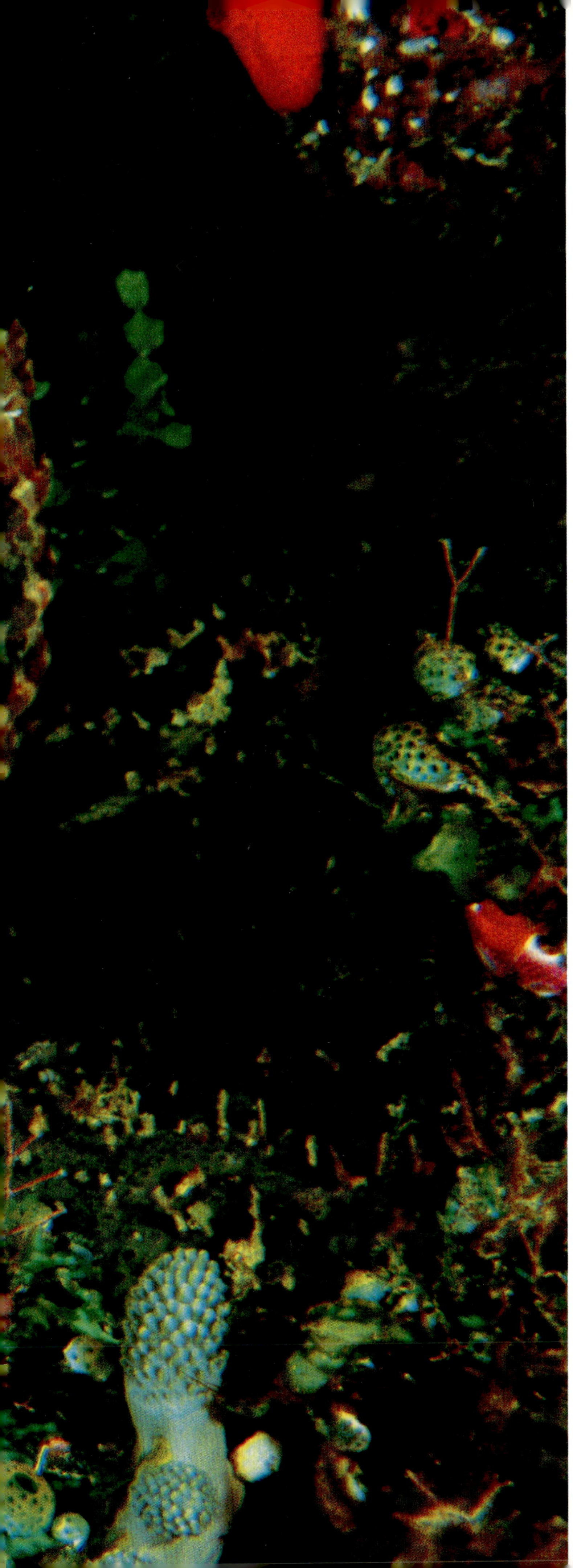

**1** Gehörnte Puffotter
*Bitis caudalis*
Namibwüste, Namibia

Diese bleistiftdünne, rund 30 cm lange Puffotter zählt zu den kleinsten Vipern der Welt. Farblich ist sie perfekt an ihren Lebensraum, den rotgoldenen Sand der Wüste Namib im Südwesten Afrikas, angepasst. Mittels schaufelnder Schlängelbewegungen kann sie in Sekundenschnelle unter die sengend heiße Oberfläche abtauchen. Dort liegt sie dann, vor Austrocknung geschützt und allen Blicken verborgen. Nur ihre Augen schauen aus dem Sand heraus – und die Schwanzspitze, die sie zum Anlocken etwaiger Beute benutzt. Die wackelnde Schwanzspitze sieht einem appetitlichen Wurm ähnlich, und so dauert es meist nicht lange, bis eine Echse auf diesen Köder hereinfällt. Sobald das geschieht, schlägt die Puffotter blitzschnell zu, beißt das Tier und injiziert ihr tödliches Gift. Oft wird die Echse, mit dem Kopf voraus, bereits verschlungen, bevor das lähmende Gift zur Wirkung gelangt.
*Canon EOS-1V, Canon-Objektiv 100 mm, 1/60 Sekunde bei Blende 22, Fujichrome Velvia 50*

**12** Löwe
*Panthera leo*
Transvaal, Südafrika

Nichts kann einen mehr verfolgen als der stechende Raubtierblick einer großen Wildkatze – so wie der Blick dieses Löwen, den ich in Südafrika fotografiert habe. Es ist ein Blick, der Dominanz und Gefahr signalisiert, wenngleich ihn auch nur wenige Beutetiere zu Gesicht bekommen, bevor sie von diesen geschickten und starken Räubern angegriffen und getötet werden. Mehrere Wildkatzenarten, darunter der Löwe, lassen die exotisch wirkenden Flecken und Streifen vermissen, an denen man viele andere Raubkatzen erkennt. Dennoch sind auch Löwen Meister der Tarnung. Sie nutzen ihr Verhalten, ihren Lebensraum und ihren gelbbraunen Pelz, um mit den gedämpften Farben der afrikanischen Savanne zu verschmelzen. Nun beruhen zwar sehr viele Tarnsysteme auf optischer Täuschung, doch gibt es eine ganze Reihe von Pflanzen und Tieren, darunter zahlreiche Insekten, die Mittel und Wege gefunden haben, auch die übrigen Sinne zu verwirren. So wälzen sich beispielsweise Löwen in Elefantendung, um Beutetiere nicht durch ihren Eigengeruch auf sich aufmerksam zu machen.
*Canon EOS-1N, Canon-EF-Objektiv 500 mm, 1/60 Sekunde bei Blende 22, Fujichrome Velvia 50*

**14** Schwarzfersenantilope
*Aepyceros melampus*
Chobe, Botsuana

Fast wie ein Geist erscheint eine Schwarzfersenantilope, auch Impala genannt, im Chobe-Nationalpark Botsuanas und nutzt die Vorteile ihrer Schutzfärbung, um sich vor umherstreifenden Fressfeinden zu verbergen. Wirkungsvolle Gegenschattierung (am Rücken dunkler, unten heller) hilft diesen mittelgroßen Antilopen, mit ihrer Umgebung eins zu werden. Das kurze, glänzende Fell ist oben hell kastanienbraun, mit Weiß in den Ohrmuscheln und über den Augen sowie weißem Kinn, Kehle und Bauch. Ein schmaler schwarzer Strich verläuft von der Kruppe bis in den Schwanz, und auch die Schenkel tragen hinten je eine senkrechte schwarze Linie. Die Impalaweibchen ziehen in Herden von 10 bis 50 Tieren umher und durchwandern dabei die Reviere der Böcke. Die meisten Geburten fallen in die Regenzeit, wenn der Tisch besonders reich gedeckt ist, und die Kitze sammeln sich in regelrechten Kindergartengruppen. Droht Gefahr, sprengen Impalas blitzartig in alle Himmelsrichtungen, springen im Zickzack und bis zu drei Meter hoch durcheinander und übereinander hinweg. Dieses Verhalten macht es einem Angreifer schwer, ein einzelnes Tier als Beute auszuwählen.
*Canon EOS-1N, Canon-EF-Objektiv 500 mm, 1/30 Sekunde bei Blende 16, Fujichrome Velvia 50*

**15** Virginia-Uhu
*Bubo virginianus*
Oregon, Vereinigte Staaten

Dieser große Uhu bedient sich seiner Färbung und Gefiederzeichnung, um in einem Mischwald des Malheur National Wildlife Refuge regelrecht zu verschwinden. Die anpassungsfähige Art, die in ganz Nordamerika und weiten Teilen Lateinamerikas verbreitet ist, weist eine Flügelspannweite von bis zu anderthalb Metern auf und ist ein gefürchteter Räuber. In seinem Gewölle hat man Reste von mehr als 250 Beutetierarten gefunden, darunter junge Alligatoren, Blaureiher, Hunde und Hauskatzen, Nagetiere, Fische und auch andere Eulen. Kurz: Diese »geflügelten Tiger« fressen praktisch alles. Gejagt wird meist von einem Ansitz aus oder aus niedrigem Gleitflug, manchmal laufen die Vögel aber auch einfach über den Boden oder waten durchs Wasser – und sie plündern gern Hühnerställe. Nager und kleine Kaninchen werden im Ganzen verschlungen, größere Beute schleppt der kräftige Greifvogel zu seinem Ruheplatz und reißt sie dort mit dem scharfen Schnabel in Stücke. Virginia-Uhus bauen keine eigenen Horste, sondern beziehen Nester anderer Vögel oder Säugetiere.
*Canon EOS-1V, Canon-EF-Objektiv 500 mm mit Canon-EF-Tele-Extender 2x, 1/2 Sekunde bei Blende 22, Fujichrome Velvia 50*

**16** Gewöhnliche Puffotter
*Bitis arietans*
Altai, Marokko

Dank ihrer wunderschönen Färbung und Zeichnung im welken Laub praktisch unsichbar, wartet eine giftige Puffotter darauf, dass ihre nächste Mahlzeit vorbeispaziert kommt. Wegen ihrer Trägheit und des starken Gifts zählen Puffottern zu den gefährlichsten Schlangen des Schwarzen Kontinents. Die dicken, kräftig gebauten Vipern kommen bei Einbruch der Dämmerung heraus, nehmen ein Bad, legen sich auf eine warme Straße und warten gut getarnt auf Beute. In der Bewegung gewöhnlich langsam, können die Schlangen doch blitzschnell zuschlagen und injizieren mit ihren großen Giftzähnen ein zellschädigendes Gift, das starke Schmerzen, Schwellung und Nekrose bewirkt; schon 100 mg reichen aus, einen Menschen zu töten. Die faszinierenden Reptilien spielen eine wichtige Rolle im afrikanischen Ökosystem, und zwar als Beutetier ebenso wie als Jäger. Den Ruf, aggressive »Killerschlangen« zu sein, tragen sie freilich zu Unrecht. In Wirklichkeit sind sämtliche Schlangen extrem scheue Tiere und tun alles Erdenkliche, um Menschen aus dem Weg zu gehen.
*Canon EOS-1Ds, Canon-EF-Objektiv 24–70 mm, 1/8 Sekunde bei Blende 16, digitale Aufnahme, ISO 100*

**17** Axishirsch
*Axis axis*
Rajasthan, Indien

Ein männlicher Axishirsch oder Chital demonstriert, wie nützlich Flecken sind, um ein großes Tier – aber natürlich auch ein Hirschkalb oder Kitz – im Licht und Schatten der Vegetation des Ranthambore-Nationalparks untertauchen zu lassen. Selbst die großen Geweihstangen des Hirsches wirken zwischen dem grünen Blattwerk wie Zweige. Axishirsche leben in den Graslandschaften und Wäldern Indiens und Sri Lankas in Herden zu 30 oder mehr Tieren. Ganz oben auf dem Speisezettel dieser Vegetarier stehen Gräser, doch sie knabbern auch gern an den nährstoffreichen Spitzen ihrer abgeworfenen Geweihe. Axishirsche sind scheu und ständig auf der Hut vor Fressfeinden, insbesondere Tigern und Leoparden. Häufig trifft man sie im Verbund mit hoch in den Bäumen lebenden Languren, die ihnen als Wachposten dienen – und die bei ihren Streifzügen durch das Kronendach zudem noch wohlschmeckende Fruchtstückchen auf den Boden fallen lassen.
*Canon EOS-1Ds, Canon-EF-Objektiv 500 mm, 1/125 Sekunde bei Blende 8, digitale Aufnahme, ISO 400*

## 18 Wandelnder Ast *Prisopus berosus*

Colón, Panama

Viele Insekten schützen sich durch vollständige Tarnung vor dem Gefressenwerden. Dieser Wandelnde Ast etwa, der sich auf der zu Panama gehörenden Insel Barro Colorado an einen Baumstamm drückt, weist eine so vollkommene Harmonie mit der Rinde auf, dass der Umriss des Insekts verschwimmt und das Tier kaum mehr zu erkennen ist. Häufig haben Insekten neben einer solchen Schutzfärbung noch weitere Abwehrmechanismen – nur für den Fall, dass ihre Mimese versagt: Der Wandelnde Ast erzeugt einen fauligen Gestank, wenn er aufgestört wird. Um einer Gefangennahme auszuweichen, erschrecken Beutearten oftmals ihre Angreifer. Das geschieht beispielsweise, wenn ein scheinbar unsichtbares Tier unvermittelt sein Aussehen verändert und sich von unscheinbar zu »gefährlich« wandelt, indem es leuchtende Warnfarben, Augenflecken und/oder aufblähbare Körperteile präsentiert. Die überraschenden Kostümwechsel werden häufig von ebenso plötzlichen Geräuschen und Angriffsposen begleitet. Die Möglichkeit, einen Fressfeind zu verwirren oder zu erschrecken, und sei es nur für einen Augenblick, stellt oft die letzte Chance dar, sein Heil in der Flucht zu suchen.

*Canon EOS-1N, Canon-EF-Makroobjektiv 100 mm, 1/2 Sekunde bei Blende 16, Fujichrome Velvia 50*

## 19 Blaues Chamäleon *Chamaeleo ellioti*

Virunga, Ruanda

Ein Auge nach hinten gedreht, der Kamera zugewandt, demonstriert ein Blaues Chamäleon im ruandischen Nationalpark der Vulkane die vielfältigen Einsatzmöglichkeiten seiner unabhängig voneinander beweglichen Augen. Das ständig sein Aussehen wechselnde Reptil kann gleichzeitig in zwei verschiedene Richtungen blicken, was – durch ein gewaltig vergrößertes Gesichtsfeld – die Chancen, Fressfeinde oder Beutetiere frühzeitig auszumachen, beträchtlich erhöht. Sobald das Chamäleon ein Opfer erspäht, fixiert es beide Augen auf sein Ziel und feuert seine klebrige Zunge mit tödlicher Präzision darauf ab. Der Schwanz des Chamäleons, der hier zusammengerollt und nicht zu sehen ist, erfüllt gleich mehrere Funktionen – er dient als Balancierstange, als Sicherungsseil beim Sturz von hohen Ästen sowie als fünftes Gliedmaß zum Festhalten. Zur Paarungszeit oder bei Rivalenkämpfen mit anderen Männchen nehmen Chamäleons oft leuchtendere Farben an, schaukeln hin und her und rollen ihren Schwanz wiederholt ein und aus.

*Canon EOS-1V, Canon-EF-Objektiv 80–200 mm, 1/25 Sekunde bei Blende 22, Fujichrome Velvia 100*

## 20 Streifenbackenhörnchen *Tamias striatus*

Minnesota, Vereinigte Staaten

Streifenbackenhörnchen oder Chipmunks, wie sie in ihrer nordamerikanischen Heimat genannt werden, sind in den Mischwäldern Südostkanadas und im Osten der Vereinigten Staaten zu Hause. Sie sind regelrechte Kulturfolger, die sich gern in der Nähe menschlicher Siedlungen aufhalten. Da Greifvögel ihre Hauptfeinde darstellen, meiden die Hörnchen, wann immer möglich, offenes Gelände. Beutetierarten wie sie verwenden oft »defensive« Tarnung, um dem Gefressenwerden zu entgehen – das heißt, sie nutzen das Prinzip der Gegenschattierung und Gestaltauflösung, also farblich stark abgesetzte Zeichnung, um sich unsichtbar zu machen. Das bodenbewohnende Hörnchen misst gerade einmal 12,50 bis 15 cm und bringt bestenfalls 80 g auf die Waage. Beim Laufen wird der Schwanz senkrecht nach oben gestreckt, und wenn es sich ärgert, lässt das Tier laute Schnattergeräusche hören. Streifenbackenhörnchen fressen typische Hörnchennahrung, also Getreide, Nüsse, Beeren und Sämereien, verblüffenderweise aber auch Pilze, Insekten und Salamander; ja, gelegentlich plündern sie sogar Vogelnester, um an die Eier und die wehrlosen Nestlinge zu gelangen.

*Canon EOS-1V, Canon-EF-Objektiv 80–200 mm, 1/30 Sekunde bei Blende 16, Fujichrome Velvia 100*

## 21 Kanadaluchs *Felis lynx canadensis*

Minnesota, Vereinigte Staaten

Den Kanadaluchs trifft man vorwiegend in den Wäldern Kanadas und Alaskas sowie der nördlichen Vereinigten Staaten. Charakteristische Kennzeichen sind ein dreieckiger Schädel, kräftiger Körperbau, lange Hinterläufe und ein kurzer Stummelschwanz. Lange schwarze Ohrpinsel unterstützen das feine Gehör der scheuen Katze, und große behaarte Pfoten erleichtern ihr das Schwimmen sowie das Laufen über eine geschlossene Schneedecke. Kanadaluchse sind kluge, listige Beutegreifer und erhöhen ihr Jagdglück durch Schutzfärbung und entsprechendes Verhalten. Der Pelz des Kanadaluchses ist gesprenkelt, doch die Tupfen werden durch das dicke, gelb- bis graubraune Fell abgeschwächt, was sein Haarkleid gleichsam »überzuckert« erscheinen lässt. Auf dem Speiseplan des tagaktiven Einzelgängers steht eine Auswahl Säugetiere, von kleinen Nagern bis hin zu Hirschen; in manchen Gegenden bilden Schneeschuhhasen seine Hauptnahrung. Luchse fressen auch die Kadaver großer Huftiere wie Karibus, Elche und Wapitis; nicht verzehrtes Fleisch wird für schlechtere Zeiten unter Laubhaufen oder im Schnee vergraben.

*Canon EOS-1V, Canon-EF-Objektiv 500 mm, 1/30 Sekunde bei Blende 16, Fujichrome Velvia 100*

## 23 Panzerkopf-Laubfrosch *Osteocephalus sp.*

Madre de Dios, Peru

Ein nachtaktiver Panzerkopf-Laubfrosch verbringt den Tag ruhend und durch seine Färbung praktisch unsichtbar am Stamm eines Regenwaldbaums in der Nähe des peruanischen Tambopata-Flusses. Einem Batikbild ähnlich, illustriert dieses Stillleben aus amphibischen wie pflanzlichen Mustern und Farben die Schönheit der Natur ebenso wie die Kunst der Tarnung. Bei ihrer nächtlichen Jagd auf Insekten zeigen sich Laubfrösche als exzellente Springer und Kletterer, die Baumstämme in verblüffendem Tempo hinauf- und hinunterlaufen können, gleichgültig, ob sie hinter einer Beute her sind oder selbst gejagt werden. Zu Scheiben verbreitete Fingerspitzen, die wie Saugnäpfe wirken, machen dies möglich. Mit Einbruch der Dämmerung erwacht der Regenwald durch ihren Chorgesang zum Leben. Der männliche Werbungsruf ist wichtiger Bestandteil der Fortpflanzungsbiologie der Laubfrösche. Er lockt nicht nur Weibchen an, sondern macht auch möglichen Rivalen laut und deutlich klar, wer Herr im Revier ist.

*Canon EOS-1N, Canon-EF-Makroobjektiv 100 mm, 1 Sekunde bei Blende 22, Fujichrome Velvia 50*

## 24 Amerikanischer Pfeifhase *Ochotona princeps*

Washington, Vereinigte Staaten

Ein Pfeifhase in der Cascade Range des Bundesstaats Washington inszeniert sein eigenes Verschwinden. Pfeifhasen sind mit unseren Kaninchen nahe verwandt und im Westen Nordamerikas zu Hause, von Kanada im Norden bis hinunter nach New Mexico. Die kleinen, nur 170 g schweren Säugetiere bewohnen Felslandschaften auf Höhen zwischen 2300 und 4000 m. Als tagaktive Pflanzenfresser verbringen Pfeifhasen oder Pikas, wie sie auch heißen, die meiste Zeit damit, nach Nahrung zu suchen, ihr Revier zu sichern und nach Fressfeinden Ausschau zu halten – sofern sie sich nicht gerade auf ihrem Lieblingsfelsblock genüsslich die Sonne auf den Pelz brennen lassen. Bei Einbruch der Dämmerung ziehen sie sich in ihre grasgepolsterten Nester in Felsspalten zurück. Pfeifhasen sind sehr stimmfreudig, daher auch ihr deutscher Name. Den Sommer nutzen die meerschweinchengroßen, schwanzlosen Tiere, um eine Vielzahl von Grünpflanzen zusammenzutragen, in der Sonne zu dörren und aufzustapeln. Anschließend werden die »Heuhaufen« in eine tiefe Felshöhle geschafft und als Wintervorrat genutzt.

*Canon EOS-1N, Canon-EF-Objektiv 80–200 mm, 1/15 Sekunde bei Blende 22, Fujichrome Velvia 50*

## 25 Helmchamäleon
*Chamaeleo hoehnelii*

Rift Valley, Kenia

Das Helmchamäleon, hier ein Tier in Kenia, gleicht von seiner Färbung und Textur her der Baumrinde so verblüffend genau, dass es praktisch unsichtbar wird. Die Tatsache, dass dieser Verwandlungskünstler das Auge des Beobachters derart zu täuschen vermag, macht immer wieder deutlich, dass die Wirklichkeit nicht ist, was sie auf den ersten Blick scheint, sondern von einer Vielzahl faszinierender Geschöpfe beeinflusst wird. All diese Kreaturen, seien sie groß oder klein, spielen mit unserer Wahrnehmung, indem sie sich unsichtbar machen. Chamäleons sind faszinierende Tiere – nicht nur, weil sie in der Lage sind, ihre Farbe zu wechseln. Sie können auch ihre Zunge verblüffend weit hinausschießen lassen, und deren kräftig bemuskelte klebrige Spitze ist obendrein mit einem Saugnapf ausgestattet, mit dem die Beute gefangen und festgehalten wird. Entgegen einem weit verbreiteten Vorurteil warten sie nicht nur ab, bis ein Beutetier in ihre Reichweite gelangt, sondern sie tasten sich, wenn nötig, auch an das Opfer heran.

*Canon EOS-1N, Canon-EF-Objektiv 80–200 mm, 1/4 Sekunde bei Blende 22, Fujichrome Velvia 50*

## 26 Hermelin
*Mustela erminea*

Minnesota, Vereinigte Staaten

Ein Hermelin oder Großwiesel erkundet sein Winterdomizil in Minnesotas Boundary Waters Canoe Area. Das flinke kleine Raubtier – es misst gerade einmal 30 cm – ist in ganz Kanada sowie Teilen der Vereinigten Staaten, Europas und Asiens anzutreffen. Im Sommer trägt das Hermelin ein oben satt schokoladenbraunes bis gelbbraunes Haarkleid; das Fell an der Körperunterseite und den Beinen bleibt jedoch hell, weiß oder cremefarben. Im Winter wächst ihm ein reinweißer Pelz. Nur die Schwanzspitze ist immer schwarz. Es besitzt einen ausgezeichneten Geruchssinn und einen langen, schlanken, extrem beweglichen Körper, mit dem es sich selbst in enge Nagerbaue zwängen kann. Auf dem Speisezettel stehen Mäuse, aber auch größere Beutetiere wie kleine Hasen und Pfeifhasen, Hörnchen und Ratten. Umgekehrt werden Hermeline von Kojoten, Dachsen, Füchsen, Eulen und Vielfraßen verfolgt – sowie von Menschen, die die kleinen Felle der Tiere als Besatz für Mantel, Stola und Kragen schätzen. Gern beziehen die wendigen Wiesel, die pro Tag mehr als 40 Prozent ihres eigenen Körpergewichts an Fleisch fressen, die Baue ihrer nagenden Beutetiere und richten diese nach ihren eigenen Bedürfnissen ein.

*Canon EOS-1V, Canon-EF-Objektiv 500 mm IS, 1/60 Sekunde bei Blende 22, Fujichrome Provia 100*

## 27 Moorschneehuhn
*Lagopus lagopus*

Manitoba, Kanada

Ein Moorschneehuhn demonstriert auf einem gebüschbewachsenen Hang unweit von Churchill, Manitoba, die Wirksamkeit seines winterlichen Tarngefieders. Die monogam lebenden etwa hühnergroßen Vögel sind die am weitesten verbreitete Schneehuhnart des hohen Nordens. Sie bewohnen die arktischen Tundren in Kanada, Alaska, Skandinavien und Nordrussland. Im Winter tragen Moorschneehühner ein reinweißes Federkleid, im Sommer ist ihr Gefieder braun gesprenkelt. Beide Geschlechter haben ganzjährig einen schwarzen Schwanz. Weil Männchen während der Paarungszeit ihre weiße Wintertracht früher verlieren als Weibchen, fallen sie oft Fressfeinden zum Opfer, die durch die stimmkräftigen und auffälligen Rituale auf den Vogel aufmerksam werden. Der wissenschaftliche Gattungsname Lagopus bedeutet so viel wie »Hasenfuß«, was sich auf die dicht befiederten Beine und Füße des Schneehuhns bezieht, die an fellbehaarte Kaninchenläufe erinnern. Dank dieser Adaption können die Vögel selbst auf weichem Schnee laufen, ohne einzusinken, und sich in einem »Iglu« unter dem Schnee warm halten. Bis zu 80 Prozent des Winters verbringen Schneehühner an solch einem geschützten Ruheplatz, der nur ein kleines Luftloch zum Atmen hat.

*Canon EOS-1N, Canon-EF-Objektiv 70–200 mm, 1/30 Sekunde bei Blende 22, Fujichrome Velvia 100*

## 28 Rotgesichtsmakak
*Macaca fuscata*

Nagano, Japan

Zwei Rotgesichtsmakaken, in ihrer Heimat auch »Schneeaffen« genannt, verschmelzen aufgrund ihres dichten, erdfarbenen Pelzes mit dem felsigen Terrain der Insel Honshu. Sie spielen die Hauptrolle in vielen buddhistischen Mythen und gelten als Vorlage zu den berühmten drei Affen, die »nichts sehen, nichts hören und nichts sagen«. Vom Menschen einmal abgesehen, sind Rotgesichtsmakaken die am weitesten nördlich lebenden Primaten. Die ausschließlich in Japan vorkommenden kräftigen Altweltaffen überdauern die bitterkalten Winter, indem sie Baumrinde fressen und in heißen Quellen Wärme tanken. Sie leben in großen Verbänden mit fester Mutter-Tochter-Hierarchie. Gegenseitige Fellpflege stärkt die ausgeprägte soziale Bindung. Zur innerartlichen Verständigung hinsichtlich Futter, Stimmung, Gefahr, sozialem Status und Sex dient eine Kombination aus Körpersprache, Mimik und Stimmäußerungen. Seit 1947 stehen die berühmten Schneeaffen in Japan unter Schutz.

*Canon EOS-1V, Canon-EF-Objektiv 500 mm IS, 1/30 Sekunde bei Blende 16, Fujichrome Astia 100*

## 29 Wolf
*Canis lupus*

Minnesota, Vereinigte Staaten

Vor einer flechtenbewachsenen Felswand in der winterlichen Boundary Waters Canoe Area steht ein Wolf – nahezu unsichtbar im wechselvollen Spiel aus Licht und Schatten. Die Schutzfärbung des Fells – das Spektrum reicht von Schwarz über die unterschiedlichsten Grautöne bis Weiß – sorgt dafür, dass das Raubtier in einer Umgebung aus gedämpften Tönen nicht auffällt. Wölfe weisen – mit Ausnahme des Homo sapiens – das größte natürliche Verbreitungsgebiet aller landbewohnenden Säugetiere auf: Europa, Nordamerika, Asien, Naher und Mittlerer Osten, Indien. In Waldgebieten, weiten Ebenen sind sie ebenso zu Hause wie in Wüsten, Gebirgen und der offenen Tundra. Sie sind gesellig, leben und jagen im Rudel. Als Beute bevorzugen sie große Huftiere wie Hirsche, Rehe, Karibus und Elche. Doch wenn sich die Gelegenheit bietet, werden auch kleinere Tiere nicht verschmäht. Der Wolf ist der größte aller wild lebenden Hundeartigen.

*Canon EOS-1V, Canon-Objektiv 500 mm IS, 1/15 Sekunde bei Blende 16, Fujichrome Provia 100*

## 30 Eisfuchs
*Alopex lagopus*

Manitoba, Kanada

Ein Eis- oder Polarfuchs späht über eine verschneite Landschaft im wilden Herzen Kanadas und nutzt zur Tarnung den Blickschutz, den ihm ein großer Felsblock bietet. Der kleine Hundeverwandte hält den Rekord als das am weitesten nördlich lebende landbewohnende Säugetier – Eisbären gelten nämlich als zumindest teilweise im Wasser lebend. Die reaktionsschnellen Füchse sind opportunistische Jäger und in der arktischen Tundra weit verbreitet, wo sie sich von Lemmingen, Erdhörnchen, Vögeln, Mäusen, Fischen und Aas ernähren. Im Sommer färbt sich ihr Fell graubraun oder braun mit bläulichem Stich, das Winterkleid ist reinweiß. So können diese Raubtiere sich rund ums Jahr sowohl vor Fressfeinden als auch vor Beutetieren optimal verstecken. Eisfüchse sind gut an das Leben in extremer Kälte angepasst: Kurze Beine und kleine rundliche Ohrmuscheln beugen Wärmeverlust vor, und ein Wasser abweisender Pelz hält den Körper trocken. Um die Pfoten vor Erfrierungen zu schützen und damit sie auf Schnee- und Eisflächen besser laufen können bzw. Halt finden, wächst ihnen an den Sohlen langes, dichtes Fell, das die Funktion von Schneeschuhen übernimmt.

*Canon EOS-1V, Canon-EF-Objektiv 500 mm IS, 1/60 Sekunde bei Blende 16, Fujichrome Velvia 50*

**31** Sattelrobbe
*Phoca groenlandica*
Quebec, Kanada

In einer malerischen Schneelandschaft im Osten Kanadas wartet ein Sattelrobbenwelpe geduldig darauf, dass seine Mutter vom Beutefang zurückkehrt. Auf dem Speisezettel stehen Fisch und Schalentiere. Der wissenschaftliche Name der Art bedeutet »Eis liebende Grönlandrobbe«, was zu diesen rundlichen Bewohnern der polaren Packeiszone hervorragend passt. Bei der Geburt tragen die Jungtiere ein dichtes weißes Fell, das sie warm hält und bei Abwesenheit der Mutter vor Eisbären und menschlichen Jägern schützen soll. Die Weibchen benutzen Duftmarken, um ihre Kinder auf den Eisschollen wiederzufinden. Fremde Welpen werden nicht angenommen. Die »Heuler« genannten Jungtiere bleiben nur etwa zwei Wochen bei ihrer Mutter, dann müssen sie für sich selbst sorgen. Vor der Entwöhnung verdreifachen sie allerdings ihr Gewicht – von gut 10 kg auf 40–45 kg –, denn die Muttermilch ist extrem nahrhaft. Von den Fettreserven zehren die Jungrobben, bis sie gelernt haben, eigenständig Beute zu machen. Wenn es ihnen gelingt, Angriffen von Haien, Orkawalen, Bären und Menschen zu entkommen, können Sattelrobben 1,80 m lang und bis zu 180 kg schwer werden.

*Canon EOS-IV, Canon-EF-Objektiv 80–200 mm, 1/60 Sekunde bei Blende 22, Fujichrome Provia 100*

**32** Polarhase
*Lepus arcticus*
Nunavut, Kanadas

Auf Ellesmere Island in der kanadischen Provinz Nunavut drückt sich ein Polarhase gegen eine Schneewehe und stellt dabei die Wirksamkeit seines schneeweißen Pelzes unter Beweis. Diese großen Hasen, die größten des nordamerikanischen Kontinents, bewohnen die Tundren Kanadas von Neufundland westwärts bis zum Mackenzie-River-Delta und nordwärts bis zur Spitze von Ellesmere Island. Außerdem trifft man sie in Grönland und auf den Inseln des Nordpolarmeers. Im Winter färben Polarhasen sich weiß, nur die Spitzen der Löffel sind dann schwarz. Im Sommer hingegen tragen sie ein blaugraues Fellkleid, wobei der Schwanz jedoch weiß bleibt. Um die bittere Kälte des arktischen Winters zu überstehen, drängen Polarhasen sich unter Büschen oder hinter Felsen in Gruppen von manchmal bis zu 200 Tieren zusammen und graben Höhlen in vereiste Schneewehen. Wittern sie Gefahr, stellen sie sich auf die Hinterläufe, um das Umfeld abzusuchen, und ergreifen dann, hüpfend wie Kängurus, mit hoher Geschwindigkeit die Flucht. Polarhasen sind so schnell, dass Wölfe und Füchse kaum eine Chance haben, sie einzuholen.

*Nikon F3, Nikkor-Objektiv 200–400 mm, 1/60 Sekunde bei Blende 5,6, Kodachrome 64*

**33** Dickhornschaf
*Ovis canadensis*
Wyoming, Vereinigte Staaten

Ein einzelnes Dickhornschaf späht im Yellowstone-Nationalpark über einen Busch. Die bedrohten Huftiere in freier Wildbahn zu sichten ist schwierig, denn ihre Schutzfärbung lässt sie praktisch mit den Felslandschaften, in denen sie leben, verschmelzen. Erst wenn sich das Tier bewegt, verrät es seinen Standort. Manchmal erhascht man auch einen Blick auf den schwarzen Schwanz vor der weißen Kruppe, oder die Silhouette hebt sich kurzzeitig vom Horizont ab. Dickhornschafe verspeisen Kräuter und Gräser; sie besitzen ein komplexes neunstufiges Verdauungssystem, das es ihnen ermöglicht, die Nährstoffe und den Wassergehalt dieser qualitativ eher minderwertigen Nahrung optimal zu verwerten. Um den eigenen Flüssigkeitsbedarf möglichst niedrig zu halten, verbringen sie den Tag ruhend in einer Höhle oder im Schatten größerer Felsen. Tarnfärbung oder nicht – Tiere, die ausgerottet sind, bekommt man nie mehr zu Gesicht. Einst von Südkanada über Colorado und bis hinunter zur Baja California weit verbreitet, ist der Bestand an Dickhornschafen heute auf weniger als drei Prozent der ursprünglichen Populationen zurückgegangen. Die wenigen noch existierenden Tiere leben in unzugänglichen Regionen und/oder ausgewiesenen Schutzgebieten.

*Canon EOS-IV, Canon-EF-Objektiv 500 mm, 1/15 Sekunde bei Blende 16, Fujichrome Velvia 50*

**34** Klippspringer
*Oreotragus oreotragus*
Chobe, Botsuana

Neben den gigantischen Felswänden seiner Heimat im Chobe-Nationalpark Botsuanas erscheint der Klippspringer winzig, und das leicht olivgrün schimmernde Haarkleid tut ein Übriges, ihn fast unsichtbar zu machen. Der Klippspringer, dessen Verbreitungsgebiet von Ostafrika bis zur südlichen Spitze des Schwarzen Kontinents reicht, ist die einzige Antilope, die bis auf 4500 m steigt und auf den so genannten Kopjes lebt, Felskuppen, die wie Inseln aus den Ebenen ragen. Mit nur rund 55 cm Schulterhöhe und einem Gewicht von nicht einmal 20 kg ist dieser scheue Hornträger doch äußerst muskulös und ungeheuer wendig. Auf der Flucht vor Fressfeinden springt er so behände von Fels zu Fels, als könnte er fliegen. Klippspringer sind die einzigen Huftiere, die sozusagen auf Zehenspitzen laufen, genauer gesagt, auf den Spitzen ihrer Zehennägel. Außerdem leben sie streng monogam, was bei Säugetieren selten ist, und entfernen sich selten mehr als ein paar Meter von ihrem Partner. Oft wechseln die beiden sich ab: Während der eine frisst, hält der andere Ausschau nach Fressfeinden – und umgekehrt. Die aufeinander abgestimmten Warnrufe dieser Tiere wurden mit den Duetten in Monogamie lebender Vögel verglichen.

*Canon EOS-IN, Canon-EF-Objektiv 500 mm IS, 1/125 Sekunde bei Blende 16, Fujichrome Velvia 100*

**35** Gelbbäuchiges Murmeltier
*Marmota flaviventris*
Colorado, Vereinigte Staaten

Im Rocky-Mountains-Nationalpark im US-amerikanischen Bundesstaat Colorado hält ein Gelbbäuchiges Murmeltier Ausschau nach Fressfeinden. Ein neutralfarbenes Fell hilft diesen kräftig gebauten Nagern, mit ihrer Umgebung zu verschmelzen und dem Gefressenwerden durch Landraubtiere oder Greifvögel zu entgehen. Die von Britisch-Kolumbien bis weit in den Nordwesten der Vereinigten Staaten hinein verbreiteten Gelbbäuchigen Murmeltiere sind die größten Mitglieder der Hörnchenfamilie. Sie leben in Geröllhalden auf Höhen bis zu 3300 m. Im Herbst fressen sich die rundlichen Tiere, auf deren Speiseplan eine Vielzahl Grünpflanzen steht, eine dicke Fettschicht an, mit deren Hilfe sie den Winterschlaf überstehen. Die geselligen und überaus stimmfreudigen Kerlchen leben in Haremsverbänden, bei denen ein Männchen mehrere Weibchen verteidigt und begattet. Wird ein Fressfeind gesichtet, eilen die Murmeltiere schnurstracks in ihre Baue; sobald sie selbst in Sicherheit sind, warnen sie Artgenossen und andere etwaige Beutetiere durch schrille Pfeiflaute.

*Canon EOS-IV, Canon-EF-Objektiv 80–200 mm, 1/15 Sekunde bei Blende 22, Fujichrome Velvia 50*

**36** Gabunviper
*Bitis gabonica*
Arusha, Tansania

Die Gabunviper ist eine Künstlerin auf dem Gebiet der Schutzfärbung. Sie täuscht das Auge durch auffällige Farben und Muster und verschwindet scheinbar zwischen dem Laub eines sonnenbeschienenen Regenwaldbodens. Auf Anregung des amerikanischen Malers Abbott Thayer wurden solche und ähnliche Muster im Ersten Weltkrieg erstmals als Tarnbemalung für Uniformen und Militärfahrzeuge eingesetzt. Die Gabunviper ist die größte Viper des Schwarzen Kontinents und eine der drei Afrikanischen Riesenvipern (die beiden anderen sind Puffotter und Nashornviper). Alle drei Arten bringen den größten Teil ihrer Zeit damit zu, bewegungslos auf den Wechseln ihrer Beutespezies zu liegen – scheinbar träge, doch immer auf der Lauer und jederzeit bereit, verblüffend schnell und treffsicher zuzuschlagen. Die Fangzähne einer Gabunviper, die bis zu fünf Zentimeter lang werden, sind die längsten im gesamten Reich der Schlangen. Ihr tödliches Gift enthält ein starkes, rasch wirkendes Hämotoxin, das die roten Blutkörperchen schädigt. Ein Biss kann einen Menschen innerhalb von Minuten töten. Trotzdem haben nur sehr wenige Menschen durch diese wunderschöne Schlange ihr Leben verloren.

*Canon EOS-IV, Canon-EF-Objektiv 80–200 mm, 1/30 Sekunde bei Blende 16, Fujichrome Velvia 50*

**37** Grauer Gibbon
*Hylobates muelleri*
Sarawak, Malaysia

Ein Grauer oder Borneo-Gibbon, der sich durch den Regenwald hangelt, hält einen Augenblick in seiner akrobatischen Bewegung inne. Schutzfärbung in Verbindung mit lianenähnlichen Armen und Beinen ermöglicht es diesen langarmigen, stimmfreudigen und aktiven Primaten, im Kronendach des Dschungels vollständig abzutauchen. Die schlanken, starken Hände des Gibbons sind speziell an das Schwinghangeln angepasst. Und auch der wissenschaftliche Gattungsname Hylobates bedeutet »Baumbewohner«. Bei dieser Art variiert die Fellfarbe zwischen Schwarzbraun und Mausgrau – daher auch der deutsche Name. Zu einer Familie gehören ein monogames Elternpaar und bis zu vier abhängige Nachkommen. Bei den morgendlichen Duettgesängen, bei denen beide Partner individuell, aber genau aufeinander abgestimmt »singen«, übernimmt das Weibchen die Führung.

*Canon EOS-1N, Canon-EF-Objektiv 500 mm, 1/125 Sekunde bei Blende 8, Fujichrome Provia 100*

**39** Kobaltflügelsittich
*Brotogeris cyanoptera*
Napo, Ecuador

Gut getarnt zwischen den grünen Blättern eines Regenwalds in Ecuador lässt sich ein Kobaltflügelsittichpärchen für einen Augenblick auf einem Ast nieder. Die nach einer blauen Fläche auf den Schwingen benannte Art wird häufig für Goldkinnsittiche gehalten, weil dieses Merkmal auf den ersten Blick ins Auge sticht. Allerdings haben Kobaltflügelsittiche zusätzlich zu einem orangegelben Kinn und blauen Flügeln auch goldfarbene Federn rund um den Schnabel. Die von Südkolumbien und Venezuela bis Nordbolivien beheimateten Papageien sind ausgesprochen stimmfreudig und fallen entsprechend auf. Um die Verluste durch Fressfeinde möglichst niedrig zu halten, leben sie in großen Schwärmen und fliegen und fressen stets gemeinsam hoch oben im Kronendach. Die einzige Zeit, wenn die geräuschvollen Vögel ruhig sind, ist die, wenn sie sich in der Nähe ihres Nests befinden. Dann bewegen sie sich auch ganz langsam und klettern praktisch unsichtbar und unhörbar durch das Geäst zu der Nisthöhle hinab, die entweder in einem Baumstamm oder einem Termitenhügel liegt, und tun alles, um nicht aufzufallen.

*Canon EOS-1N, Canon-EF-Objektiv 500 mm, 1/30 Sekunde bei Blende 22, Fujichrome Astia 100*

**40** Nördlicher Seeelefant
*Mirounga angustirostris*
Kalifornien, Vereinigte Staaten

Mitten in einem dichten schwimmenden Seetangteppich döst ein Nördlicher Seeelefant friedlich vor der Küste des kalifornischen Big Sur. Seeelefanten können sowohl an Land als auch schwimmend schlafen. Wenn sie im Meer Siesta halten, ist ihr Körper untergetaucht, und nur der Kopf schaut aus dem Wasser. So können die massigen Tiere atmen, bleiben dabei aber relativ unsichtbar. Der Nördliche Seeelefant ist – nach dem Südlichen Seeelefanten – die zweitgrößte Robbe der Welt. Ausgewachsene Männchen können vier Meter lang werden und bis zu zwei Tonnen (2000 kg) auf die Waage bringen. Anzutreffen sind die Kolosse im Pazifik von Baja California, Mexiko, bis hinauf zum Golf von Alaska und den Aleuten. Elefantenrobben machen jährlich zwischen April und August einen Haarwechsel durch, bei dem nicht nur das Fell selbst, sondern auch die oberste Hautschicht abgestoßen wird.

*Canon EOS-1V, Canon-EF-Objektiv 80-200 mm, 1/30 Sekunde bei Blende 22, Fujichrome Provia 100*

**41** Eiderente
*Somateria mollissima*
Rangarvalla, Island

Die Eiderente ist die größte Ente der nördlichen Hemisphäre. Sie bringt zwischen 850 und 3000 g auf die Waage und kann doch dank ihres Federkleids auf einer offenen Wasserfläche oder vor einem Hintergrund algenbewachsener Steine vollkommen verschwinden. Eiderenten sind gesellige Vögel; sie fliegen und fressen in Schwärmen, die etwas mehr als zehn, aber auch mehrere tausend Vögel umfassen können. Tiere, die Wanderungen unternehmen, ziehen in dichten Verbänden mit Geschwindigkeiten von 60 bis 70 km/h in geringer Höhe über das Wasser. Um ihren Energieverlust bei winterlichen Temperaturen möglichst niedrig zu halten, werden Eiderenten in extremer Kälte inaktiv. Sie fressen dann nicht, sondern drängen sich in großen Gruppen zusammen – so dicht, dass man die einzelnen Tiere nicht mehr auseinander halten kann. Ansonsten verbringen sie den Tag mit Nahrungssuche und tauchen dabei zwischen 3 und 20 m tief nach Mies-, Venus- und Kammmuscheln, Seeigeln, Seesternen und Kleinkrebsen. Die Beute wird im Ganzen geschluckt und erst in dem kräftigen Muskelmagen zerkleinert.

*Canon EOS-1N, Canon-EF-Objektiv 500 mm, 1/30 Sekunde bei Blende 16, Fujichrome Velvia 50*

**42** Afrikanische Heuschrecke
*Parepistaurus sp.*
Mara, Tansania

Viele der verblüffendsten – und erfolgreichsten – Überlebenstechniken sechsbeiniger Geschöpfe aus der Welt der Insekten bekommen die meisten Menschen niemals zu Gesicht. Hier verlässt sich eine voll im Blickfeld liegende Heuschrecke ganz auf ihre Tarnfärbung. Dadurch, dass es exakt die Farbe des Sandes seiner ariden Heimat trägt, erweckt das kleine Insekt den Eindruck, gar nicht da zu sein. Um den kleinstmöglichen Schatten zu werfen, richten sich Heuschrecken nach der Sonne aus. Oftmals ist der Schatten weit auffälliger als das Geschöpf, das ihn verursacht. Diese Tatsache erklärt, warum viele tarnfarbene Tiere ihren Körper so dicht wie möglich an Baumstamm, Blätter oder Boden pressen.

*Canon EOS-1N, Canon-EF-Makroobjektiv 100 mm, 1/15 Sekunde bei Blende 16, Fujichrome Velvia 50*

**43** Südamerikanischer Marmorierter Laubfrosch
*Hyla marmorata*
Madre de Dios, Peru

Ein Südamerikanischer Marmorierter Laubfrosch verschmilzt mit dem faszinierenden Patchwork der Grün- und Brauntöne eines flechtenbewachsenen Baumstamms. Laubfrösche können ihre Farbe wechseln, um sich an ihre Umgebung anzupassen. Der amphibische Tarnkünstler hat sich seinem Untergrund so perfekt angeglichen, dass man kaum sagen kann, wo der Frosch aufhört und die Flechten anfangen. Die Strategie, sich vor aller Augen unsichtbar zu machen, ist für Beutetierarten wie diese besonders wirkungsvoll, weil sie ihnen erlaubt, dem Gefressenwerden mit minimalem Energieaufwand zu entgehen. Dadurch, dass er unsichtbar erscheint, kann der nachtaktive Laubfrosch den Tag friedlich verschlafen und sich bei Dunkelheit auf Nahrungssuche begeben. Im tropischen Regenwald, wo Tarnung und Trugspiele mit über Leben und Tod entscheiden, wird die Notwendigkeit derartiger optischer Täuschungsmanöver besonders deutlich.

*Canon EOS-1N/RS, Canon-EF-Makroobjektiv 100 mm, 1/4 Sekunde bei Blende 16, Fujichrome Velvia 50*

## 44 Gepard
*Acinonyx jubatus*

Kapprovinz, Südafrika

Ein Gepardenjunges verschwindet zwischen den Blättern und der roten Erde der südafrikanischen Landschaft im Kalahari-Nationalpark, während seine Mutter auf Jagd ist. Die Gegenschattierung mit hellem und dunklem Pelz sowie die charakteristische Gesichtszeichnung tragen wesentlich dazu bei, die Silhouette des Kopfes aufzulösen. Da auch sein Körper vollständig den Blicken entzogen ist, verschmilzt der Welpe praktisch mit der Vegetation. Zwar sind Geparden die schnellsten Landsäugetiere der Erde – sie erreichen Geschwindigkeiten von mehr als 110 km/h –, doch auch für sie spielen Tarnfärbung und unauffälliges Verhalten gerade bei Jungtieren eine überlebenswichtige Rolle. Gepardenkinder fallen in ihrer afrikanischen Heimat häufig Löwen und Leoparden zum Opfer.

*Canon EOS-1N, Canon-EF-Objektiv 500 mm, 1/60 Sekunde bei Blende 16, Fujichrome Velvia 50*

## 45 Leopard
*Panthera pardus*

Transvaal, Südafrika

Durch die Zeichnung seines herrlichen Pelzes gut getarnt, liegt ein Leopard in der vertrockneten Vegetation des südafrikanischen Krüger-Nationalparks auf der Lauer. Ein faszinierendes Muster aus schwarzen Flecken und Rosetten hilft den intelligenten Raubkatzen, sich vor etwaigen Opfern zu verbergen. Leoparden betrachten ihre Umgebung mit viel Geduld und Beharrlichkeit und praktisch regungslos; nur die Spitze ihres langen Schwanzes bewegt sich leise. Nähert sich ein Beutetier, schleichen sie sich dicht auf den Boden geduckt an. Der Angriff selbst erfolgt so schnell und aus so großer Nähe, dass das Opfer kaum merkt, wie ihm geschieht. Leoparden sind die einzigen Großkatzen Afrikas, die in Waldgebieten leben und jagen. Mit bemerkenswerter Kraft können sie selbst einen 135 kg schweren Giraffenkadaver mehrere Kilometer weit über Land schleifen und dann noch auf einen Baum zerren, wo sie sich ungestört ihrer Mahlzeit widmen. Häufig bleibt von einem solchen Riss nichts weiter übrig als ein vertrockneter Kopf und Knochen, die, durch ledrige Hautstreifen verbunden, im Wind baumeln. Solch makabre Baumkunst ist ein sicheres Zeichen dafür, dass sich ein Leopard in der Nähe befindet.

*Canon EOS-1N, Canon-EF-Objektiv 500 mm, 1/250 Sekunde bei Blende 11, Fujichrome Velvia 50*

## 46 Waldschnepfe
*Scolopax rusticola*

New Jersey, Vereinigte Staaten

Einem Zauberkünstler gleich inszeniert eine Waldschnepfe ihr eigenes Verschwinden, indem sie sich in der Nähe von Cape May im US-amerikanischen Bundesstaat New Jersey zum Ausruhen zwischen welkes Laub duckt. Die Fähigkeit, absolut reglos zu verharren, spielt dabei eine ebenso große Rolle wie die Farbe und Zeichnung ihres Federkleids. Für einen Vogel, der am Boden schläft und nistet, ist ein solcher Deckmantel unumgänglich. Die drei bis vier gesprenkelten Eier des Geleges und später die Nestlinge sind ebenso perfekt getarnt. Waldschnepfen verbringen die meisten Tagesstunden unbeweglich am Boden hockend. Mit Einbruch der Dämmerung begeben sie sich dann auf Wiesen und Weiden, wo sie mit ihrem langen Schnabel nach Wirbellosen stochern. Während der Futtersuche sind die Vögel immerzu wachsam; beim ersten Anzeichen von Gefahr huschen sie blitzschnell zurück in ihr Versteck.

*Canon EOS-1N, Canon-EF-Objektiv 80–200 mm, 1/30 Sekunde bei Blende 16, Fujichrome Velvia 50*

## 47 Wolf
*Canis lupus*

Montana, Vereinigte Staaten

Der Wolf, der hier hinter einem Baumstamm hervorlugt, verdeutlicht, warum die meisten Menschen noch nie einen dieser Wildhunde in freier Natur gesehen haben. Wölfe meiden Menschen. Es gibt nicht einen einzigen bestätigten Bericht, demzufolge ein gesunder frei lebender Wolf in Nordamerika einen Menschen angegriffen oder ernstlich verletzt hätte. Die amerikanischen Ureinwohner verehrten Wölfe, weil sie ihre Jagdfertigkeit, Schläue und Intelligenz bewunderten. Immer auf der Suche nach schwacher oder leichter Beute, legen Wölfe pro Tag bis zu 50 km zurück. Ihre Fähigkeit, im Rudel zu jagen und derart große Reviere zu halten, macht sie zu einem bedeutsamen Raubtier: Sie spielen eine maßgebliche Rolle bei der Gesunderhaltung ihres Lebensraums. Evolutionsdruck durch jagende Wölfe sorgt dafür, dass Antilopen schnell, Hirsche wachsam und Schneeziegen exzellente Kletterer bleiben. Raben, Füchse, Vielfraße, Geier und sogar Bären ernähren sich von den Kadavern der Tiere, die Wölfe erlegt haben. Gleiches gilt für den Weißkopfseeadler, das Wappentier der Vereinigten Staaten, dessen Überleben im Winter mancherorts davon abhängt, dass er von Wölfen zurückgelassene Beute findet.

*Canon EOS-1N, Canon-EF-Objektiv 80–200 mm, 1/30 Sekunde bei Blende 22, Fujichrome Velvia 50*

## 48 Bekassine
*Gallinago gallinago*

Minnesota, Vereinigte Staaten

Diese Aufnahme täuscht selbst Experten. Wirklich fast unsichtbar, hockt im linken unteren Drittel des Bildes eine Bekassine in der verschneiten Ufervegetation eines Baches im US-amerikanischen Bundesstaat Minnesota. Diese scheuen Watvögel bewohnen Sumpfgebiete, Feuchtwiesen und Moore in weiten Teilen Kanadas, der nördlichen Vereinigten Staaten und Europas bis hinein nach Nordostasien, ziehen im Herbst aber nach Mittel- und Südamerika bzw. Afrika, Indien oder Indonesien, um den kalten Wintermonaten auszuweichen. Bekassinen haben spitze Schwingen, einen langen Schnabel und ein gestreiftes Gefieder, das ihnen in der Vegetation ihres feuchten Lebensraums vollständige Tarnung bietet. Mit ihrem langen Schnabel stochern sie tief im Sumpf nach Nahrung. Insekten, insbesondere Fliegen- und Käferlarven, sind ihre bevorzugte Beute, doch sie fressen auch Würmer, kleine Krebstiere, Schnecken sowie, in geringerer Menge, Pflanzenkost. Beim Balzflug stürzt sich das Männchen mit so hoher Geschwindigkeit bodenwärts, dass seine äußeren Schwanzfedern ein trommelndes Geräusch verursachen. Ist die Aufmerksamkeit eines Weibchens geweckt, lässt das Männchen weitere Flugkunststücke folgen.

*Canon EOS-1V, Canon-EF-Objektiv 500 mm IS, 1/30 Sekunde bei Blende 16, Fujichrome Provia 100*

## 49 Eisbär
*Ursus maritimus*

Manitoba, Kanada

Ein Eisbär spielt dem Auge einen Streich, indem er zwischen Schneefeldern und Felsen in der Nähe von Churchill, Manitoba, verschwindet. Eisbärenfell ist nicht wirklich weiß. Die Haare sind vielmehr pigmentlos transparent und haben einen hohlen Schaft. Dass die Tiere weiß aussehen, hängt damit zusammen, dass die Luftfüllung das sichtbare Licht reflektiert und streut – genauso wie Schnee und Eis es tun. Die berühmt-berüchtigten Fleischfresser zählen zu den größten Landraubtieren der Welt. In der Arktis, wo sie vorwiegend von Robben leben, macht sie ihre Tarnfarbe nahezu unsichtbar, wenn sie im Packeis auf Jagd gehen. Häufig liegen sie stundenlang neben dem Atemloch einer Robbe und verdecken dabei ihre schwarzen Augen und die schwarze Nase mit den Vorderpranken, um sich nicht zu verraten. Ihr bevorzugter Lebensraum ist das Wasser, weshalb sie manchmal auch als Meeresbewohner eingestuft werden. Als exzellente Schwimmer und Taucher verfügen sie über Schwimmhäute zwischen den Zehen und können unter Wasser bis zu fünf Meter weit entfernte Beute sichten. Um eine Robbe zu erlegen, die auf einer Eisscholle ruht, schaffen sie aus dem Wasser heraus Sprünge von mehr als zwei Metern.

*Canon EOS-1V, Canon-EF-Objektiv 17–40 mm, 1/30 Sekunde bei Blende 16, Fujichrome Velvia 50*

## 50 Kojote
*Canis latrans*

Washington, Vereinigte Staaten

Inmitten einer verschneiten Winterlandschaft demonstriert ein Kojote, warum diese schlauen Caniden kaum je in freier Wildbahn beobachtet werden. Seit langem von Menschen und noch länger von Wölfen verfolgt, haben Kojoten gelernt, ihre Tarnfärbung optimal zu nutzen und sich ansonsten möglichst unauffällig zu verhalten. Nun bleiben Kojoten bei Tage zwar weitgehend unsichtbar, doch nachts ist ihr lang gezogenes Heulen kaum zu überhören. Nicht umsonst lautet der wissenschaftliche Name der Art übersetzt »bellender Hund«. Zusammen mit Schakal, Wolf und Haushund gehört der Kojote zur Hundefamilie, kann jedoch mehr als 60 km/h schnell laufen und problemlos 2,50 m hohe Zäune überspringen. Sein Verbreitungsgebiet erstreckt sich von Alaska bis Neuengland über ganz Nordamerika und reicht südwärts über Mexiko bis nach Panama. Um in einer Vielzahl unterschiedlicher Lebensräume bestehen zu können, sind Kojoten in puncto Nahrung, Fortpflanzung und Sozialverhalten extrem anpassungsfähig.

*Nikon F3, Nikkor-Objektiv 80–200 mm, 1/30 Sekunde bei Blende 8, Kodak Ektachrome*

## 51 Schneeeule
*Nyctea scandiaca*

Manitoba, Kanada

Das Tarngefieder der Schneeeule weist exakt dieselben Farben auf wie ihr winterlicher Lebensraum, weshalb der Vogel aus einiger Entfernung praktisch unsichtbar ist. Schneeeulen sind rund um den nördlichen Polarkreis zu finden, wo sie die arktischen Tundren und Graslandschaften bewohnen. In Grönland, Island, Kanada und den nördlichen Vereinigten Staaten noch relativ weit verbreitet, gehört diese einzelgängerische tagaktive Eule zu den größten Vögeln der Tundra. Schneeeulen jagen oft von einem Ansitz aus und können ihren Kopf bis zu 270 Grad weit drehen. Beutetiere werden am Boden, aus der Luft oder direkt von der Wasseroberfläche gegriffen. Schneeeulen nisten fast immer am Boden, wo das Weibchen mit seinen starken Krallen an erhöhter Position eine flache Mulde ausscharrt. Bevor die Nestlinge selbständig sind, hat eine Schneeeulen-Familie gut und gern bis zu 1 500 Lemminge verspeist.

*Canon EOS-1N, Canon-EF-Objektiv 500 mm, 1/15 Sekunde bei Blende 16, Fujichrome Velvia 50*

## 53 Eisfuchs
*Alopex lagopus*

Nunavut, Kanada

Zum Schlafen zusammengeringelt, den langen buschigen Schwanz wärmend über Nase und Pfoten gelegt, würde dieser Eis- oder Polarfuchs im Schnee praktisch unsichtbar – wären da nicht die schwarzen Augenschlitze. Eisfüchse sind hervorragend an ihren frostigen Lebensraum angepasst; der im Winter reinweiße Pelz färbt sich zum Sommer hin gräulich-braun, was rund ums Jahr optimale Tarnung garantiert. Scharfe Krallen und Zähne unterstützen das geschickte Raubtier bei der Jagd, und der buschige Schwanz, auch Fahne genannt, hilft beim Ausbalancieren, wenn es beim Verfolgen der Beute rasch die Richtung zu wechseln gilt. Ist im Sommer der Tisch reich gedeckt, legen Eisfüchse Futterreserven an. Sie vergraben die Nahrung dann im ständig gefrorenen Boden oder lagern sie in Felsspalten oder unter Steinen. Im Winter folgen sie häufig Eisbären und fressen die Überreste von deren Beute oder, wenn es hart auf hart geht, auch deren Kot. Eisfüchse sind im Prinzip Einzelgänger, finden sich an großen Kadavern aber auch schon einmal zu mehreren ein. Im Winter graben sie sich Schneegruben zum Schutz vor der eisigen Kälte.

*Canon EOS-1N, Canon-EF-Objektiv 500 mm, 1/30 Sekunde bei Blende 16, Fujichrome Velvia 50*

## 54 Gabelbock
*Antilocapra americana*

Wyoming, Vereinigte Staaten

Vor dem verschneiten Hang im Yellowstone-Nationalpark ist die Herde Gabelböcke fast nicht zu sehen. Diese optische Täuschung basiert auf Gestaltauflösung: Kontrastreiche Zeichnungselemente zerlegen die Tiergestalten in ein Patchwork aus Formen und Farben, das den Blick eher auf den Hintergrund lenkt als auf die Tiere selbst. Gabelböcke gelten als die einzigen noch lebenden Säugetiere mit gegabelten Hörnern (keinem Geweih!) und als die einzigen Säugetiere, die die äußeren Hornscheiden abwerfen, so als wären diese ein Geweih (die Knochenzapfen bleiben stehen). Gabelböcke bewohnen offene Graslandschaften und Halbwüsten, die sie im Sommer allein oder in kleinen Gruppen durchstreifen. Im Winter schließen sie sich zu großen Herden zusammen. Gegen Fressfeinde nutzen sie ihre scharfen Augen sowie hohe Laufgeschwindigkeiten. Droht Gefahr, spannen sie ihre Gesäßmuskeln an, woraufhin sich die weißen Haare des »Spiegels« aufrichten – ein Warnsignal, das andere Gabelböcke noch aus mehreren Kilometern Entfernung sehen können. Flüchtet eine Herde, laufen die Tiere dicht gedrängt in einer Formation, die an einen fliegenden Vogelschwarm erinnert.

*Canon EOS-1N, Canon-EF-Objektiv 500 mm IS, 1/250 Sekunde bei Blende 11, Fujichrome Velvia 50*

## 55 Gabelbock
*Antilocapra americana*

Wyoming, Vereinigte Staaten

Der Gabelbock ist das charakteristische Huftier der Great Plains und der riesigen Sagebrush-Ebenen des amerikanischen Westens. Die meisten Tiere findet man heute in den Bundesstaaten Wyoming und Montana. Gabelböcke sind die schnellsten Säugetiere des amerikanischen Kontinents; anderthalb Kilometer lang können sie 80 km/h schnell laufen. Die schlanken, vom Körperbau her hirschähnlichen Tiere haben hohle Haare, die optimal isolieren: 55 °C Hitze ertragen sie in der sommerlichen Wüste ebenso gut wie −50 °C im Winter. Die Kitze kommen im Mai oder Juni zur Welt, gewöhnlich als Zwillinge. Die ersten paar Tage nach der Geburt liegen sie praktisch reglos im Gras, während die Mutter äst. Neugeborene Gabelböcke haben keine tarnenden Flecken, aber auch keinen verräterischen Geruch, und sie liegen instinktiv stundenlang da, ohne sich zu rühren – in ihrem Fall der sicher beste Schutz gegen Fressfeinde wie Rotluchs, Adler und Kojoten.

*Canon EOS-1N, Canon-EF-Objektiv 500 mm IS, 1/30 Sekunde bei Blende 16, Fujichrome Velvia 50*

## 56 Cuvier-Hasenmaus
*Lagidium viscacia*

Tarapacá, Chile

Ein bisschen an ein magisches Geschöpf aus »Alice im Wunderland« erinnernd, kehrt eine Cuvier-Hasenmaus in Chile der Kamera den Rücken zu und ist Sekundenbruchteile später verschwunden. Die in den kargen Hochlandregionen der peruanischen, bolivischen, argentinischen und chilenischen Anden beheimateten Chinchillaverwandten, die rund 1,5 kg auf die Waage bringen, gehören zur Gattung Hasenmäuse oder Bergviscachas. Der Name leitet sich von dem Wort »Wicacha« ab, wie die Quechua-Indios das Tier nennen. Sehr große Ohren und besonders lange Schnurrhaare verleihen diesen Pflanzenfressern ein fast komisches Aussehen. Tagsüber hoppeln sie durch ihren steinigen Lebensraum, immer auf der Suche nach Gräsern und anderen Pflanzen, sofern sie nicht gerade spielen, sich sonnen oder ein Staubbad nehmen, um ihr dichtes und flauschiges Fell zu pflegen. Cuvier-Hasenmäuse leben in großen Kolonien. Wegen ihres seidenweichen Pelzes stark bejagt, findet man Hasenmäuse heute nur mehr in Schutzgebieten.

*Canon EOS-1V, Canon-EF-Objektiv 500 mm IS, 1/15 Sekunde bei Blende 16, Fujichrome Velvia 50*

**57** Weißschwanz-Schneehuhn
*Lagopus leucurus*
Alaska, Vereinigte Staaten

Auf dem felsigen Untergrund des Wrangell-Saint-Elias-Nationalparks in Alaska kaum zu sehen, hockt ein Weißschwanz-Schneehuhn zwischen flechten- und moosbewachsenen Steinen. Diese kleinste Schneehuhnart ist die einzige mit einem völlig weißen Schwanz und darüber hinaus auch die einzige, die die Gebirgstundren der westlichen Vereinigten Staaten bewohnt. Schneehühner wechseln das Gefieder mit den Jahreszeiten, um sich an ihre Umgebung anzupassen. Deshalb sind sie sommers wie winters in freier Natur nur schwer auszumachen. Bei Herbstbeginn legen sie ein blütenweißes Federkleid an – nur die Augenwülste bleiben rot, Schnabel und Augen schwarz. Das restliche Jahr über zeigt ihr Gefieder ein mit Weiß gesprenkeltes Braun, das sich genau mit den erdfarbenen Tönen ihres Lebensraums deckt. So sehr verlassen diese Vögel sich auf ihr Tarnkleid, dass man sich ihnen bis auf rund einen Meter nähern kann – vorausgesetzt natürlich, man entdeckt überhaupt erst einmal eines.

*Canon EOS-1N, Canon-EF-Zoomobjektiv 70–200 mm, 1/15 Sekunde bei Blende 16, Fujichrome Velvia 50*

**58** Sperbereule
*Surnia ulula*
Nordwestterritorien, Kanada

Ein Sperbereulen-Pärchen hat sich – zufällig in perfekter Herzform – auf dem Ast einer kanadischen Konifere niedergelassen. Die nur 280 bis 350 g schweren Eulen sind langschwänzige tagaktive Beutegreifer, die vom Verhalten mehr einem Sperber als einer Eule gleichen. Sie bewohnen die nördlichen Nadelwälder bis zum Rand der Tundra, wo die Sonne fast das halbe Jahr lang nie unter den Horizont sinkt. Diesen Umständen angepasst, ist der kleine, rasch fliegende Räuber eine der tagaktivsten Eulen von ganz Nordamerika. Auf seinem Speisezettel stehen Mäuse, Lemminge und andere Nager, die ebenfalls während des 24-Stunden-Tags unterwegs sind. Wie viele Vögel des hohen Nordens, die kaum jemals Kontakt mit Menschen haben, sind Sperbereulen häufig verblüffend zutraulich. Die reizvollen Vögel tragen ein bildschönes Tarngefieder mit dunklen waagerechten Bändern vorn und weißen Tupfen auf den dunkelbraunen Rückenfedern. Ein schwarz gerahmter weißer Gesichtsschleier umgibt die gelben Raubvogelaugen. Ihr Nest bauen Sperbereulen in hohe Baumstümpfe oder hohle Stämme, und ihr Ruf ist ein charakteristisches pfeifendes »Ulululululu«.

*Canon EOS-1N, Canon-EF-Objektiv 500 mm, 1/15 Sekunde bei Blende 11, Fujichrome Astia 100*

**59** Goldregenpfeifer
*Pluvialis apricaria*
Vestur Skaftafells, Island

Der im Norden Europas und Asiens heimische Goldregenpfeifer ist ein Zugvogel, der in Südeuropa und Nordafrika überwintert. Zu tausenden sammeln sich die Tiere in Großbritannien und Island, Neufundland und Labrador. Im Frühjahr und Sommer kehren sie in ihre Brutgebiete zurück – die Moorgebiete und Tundren im nördlichen Asien und Europa. Ausgewachsene Vögel wie der hier abgebildete tragen ein auf Scheitel, Rücken und Flügeln gold-schwarz getupftes Federkleid. Gesicht und Hals sind schwarz mit weißer Umrandung, Brust und Beine sind ebenfalls schwarz, der Bürzel ist dunkel. Mit der Herbstmauser verschwindet das Schwarz, und die Unterseite des Vogels färbt sich weiß, Brust und Gesicht werden gelblich. Regenpfeifer sind ausgesprochene Augenvögel und ernähren sich vorwiegend von im Wasser lebenden Wirbellosen. Bei der Jagd stehen sie zunächst vollkommen still, um dann flugs loszulaufen und die erspähte Beute aufzupicken. Die Nahrungssuche dieser Vögel erfolgt auf offenen Flächen – in der Tundra, auf Feldern, an Küsten und bei Ebbe auf nassem Schlamm – und in aller Regel bei Tage; bei hellem Mondlicht trifft man sie jedoch auch des Nachts.

*Canon EOS-1N, Canon-EF-Objektiv 500 mm, 1/30 Sekunde bei Blende 16, Fujichrome Velvia 50*

**60** Wandelndes Blatt
*Phyllium bioculatum*
Sarawak, Malaysia

Perfekt als welkes Laub getarnt, verschmelzen zwei Wandelnde Blätter mit dem Waldboden ihrer malaysischen Heimat. Hier haben wir ein klassisches Beispiel von Mimese: Etwas sieht etwas anderem so täuschend ähnlich – in diesem Fall der Form und Färbung eines abgefallenen Blattes –, dass eine Verwechslung vorprogrammiert ist. Die Tarnung erfolgt hier mehr durch »Verkleiden« als durch Verschmelzen mit der Umgebung. Diese beiden Insekten ahmen nicht nur die abgeflachte Gestalt von Blättern nach, sondern auch das in ihrer Umgebung vorherrschende Grün des Chlorophylls. Wandelnde Blätter gehören zu den so genannten Gespenstschrecken, von denen es mehr als 2000 Arten gibt. Sie werden gern in Terrarien gehalten. Schon bei geringen Störungen fallen Gespenstschrecken in völlige Erstarrung, was die verblüffende Ähnlichkeit mit ihren pflanzlichen Vorbildern noch wirkungsvoller geraten lässt.

*Canon EOS-1N, Canon-EF-Makroobjektiv 100 mm, 1/60 Sekunden bei Blende 22, Aufhellblitz, Fujichrome Velvia 50*

**61** Orchideenmantis
*Hymenopus coronatus*
Sarawak, Malaysia

Der erste Eindruck kann in der Tat ein trügerischer sein. Im Hochland von Malaysia etwa ahmt eine räuberische Orchideenmantis Form und Farbe der pastellfarbenen Kronblätter der Blüte nach, auf der sie sitzt. Als Orchidee verkleidet, nutzt diese Fangschrecke beide Aspekte der optischen Täuschung: Tarnung als Mittel, Fressfeinden zu entgehen, und Tarnung als Mittel, Nahrung zu erbeuten. Was wie ein friedvolles Bild anmutet, ist in Wahrheit eine tödliche Falle. Die Fangarme gleichsam in Bethaltung (die Orchideenmantis ist eine nahe Verwandte der Gottesanbeterin, Mantis religiosa), lauert das Fleisch fressende Insekt bewegungslos darauf, dass ein schmackhaftes Opfer sich ihm nähert. Dann schlägt die Orchideenmantis blitzschnell zu, greift das unglückliche Beutetier mit ihren Fangarmen und frisst es bei lebendigem Leibe. Mimese ist nicht auf das Tierreich beschränkt. Viele Pflanzen nutzen diese Kunst der Täuschung, um ahnungslose Insekten zur Bestäubung anzulocken. Rund die Hälfte aller Orchideenarten setzt zu diesem Zweck die eine oder andere Art von Mimese ein. Übrigens dürfte auch die Orchideenmantis zur Kreuzbestäubung der Blüten beitragen, wenn sie von einer Blüte zur nächsten wandert.

*Canon EOS-1N, Canon-EF-Makroobjektiv 100 mm, 1/60 Sekunde bei Blende 22, Aufhellblitz, Fujichrome Velvia 50*

**63** Grüne Buschschlange
*Philothamnus punctatus*
Rift Valley, Kenia

Malerisch – und auch in puncto Tarnung höchst wirkungsvoll – ineinander verschlungen, ruhen drei nicht giftige Grüne Buschschlangen zwischen Schilfhalmen. (Ja, es sind drei; zählen Sie die Tiere!) Ihre Fertigkeit, den Pflanzen, in denen sie leben, hinsichtlich Gestalt und Farbe derart nahe zu kommen, ist der Grund dafür, dass Schlangen in freier Natur so schwer zu erblicken sind. In Kenia gibt es 126 Schlangenarten – darunter Puffotter, Afrikanische Baumschlange, Kobras (vier Arten) und sowohl die Grüne als auch die Schwarze Mamba –, und doch verlassen die meisten Besucher Ostafrika, ohne auch nur ein einziges dieser scheuen Reptilien zu Gesicht bekommen zu haben, sei es nun giftig oder nicht. Grüne Buschschlangen sind tagaktive Jäger, die sich bevorzugt in der Nähe der Gelege von Amphibien aufhalten. Das erklärt auch, warum alle drei Schlangen das Schilfrohr gewählt haben, eine Wasserpflanze, die nur in Feuchtgebieten vorkommt.

*Canon EOS-1N, Canon-EF-Objektiv 80–200 mm, 1/30 Sekunde bei Blende 16, Fujichrome Velvia 50*

## 64 Panama-Stummelfuß
*Atelopus varius zeteki*

Bocas del Toro, Panama

Der vom Aussterben bedrohte Panama-Stummelfuß benutzt seine leuchtende Färbung, um möglichen Fressfeinden eine wichtige Botschaft zu übermitteln: »Fresst mich nicht, ich bin giftig!« Ausschließlich in den Tropenwäldern Panamas heimisch, setzt dieser wunderschöne Frosch seine sonnengelbe Haut mit den kohlschwarzen Flecken zur Abschreckung ein. Schon die Kaulquappen der Art zeigen diese kräftige Warntracht. Wie die meisten farbenprächtigen Frösche weist der Panama-Stummelfuß giftige Chemikalien in seiner Haut auf. Die orangegelben Tiere ernähren sich von Insekten und anderen kleinen Wirbellosen, die sie mit ihren Augen orten. In Menschenobhut werden diese Amphibien bis zu zehn Jahre alt. In freier Natur haben Habitatzerstörung, illegaler Fang (für Sammler und Zoohandel) und Chytridiomykose die Art fast ausgerottet. Letzteres, eine 1998 entdeckte Hautinfektion (ein Pilz), bedroht zahlreiche Amphibienarten in vielen Teilen der Welt.

*Canon EOS-1N, Canon-EF-Objektiv 70–200 mm, Zwischenring, 1/30 Sekunde bei Blende 11, Fujichrome Velvia 50*

## 65 Nordkröte
*Bufo boreas*

Oregon, Vereinigte Staaten

Tarnfarben und Tarnzeichnung helfen dieser warzigen Kröte, sich im Mosaik aus Flechten und Moosen zu verbergen. Zwischen fünf und zwölf Zentimeter lang, setzt die große und kräftige Art die Farben Grünbraun, Rotbraun, Dunkelgrau und Gelb mit rostfarbenen Warzen auf dunklen Flecken ein, um mit ihrer Umgebung zu verschmelzen. Nordkröten, darunter auch die Unterart Bufo boreas boreas, leben in hoch gelegenen Waldgebieten im nordwestlichen Nordamerika. Hier bewohnen sie eine Vielzahl verschiedener Lebensräume; man findet sie in Hochprärien bis hin zu Bergwiesen, in der Umgebung von Quellen, Teichen und Seen, Gebirgsbächen und träge dahinfließenden Strömen. Noch auf Höhen von über 3500 m hat man Nordkröten beobachtet. Die anpassungsfähigen Froschlurche ernähren sich von Wirbellosen, hüpfen nicht, sondern laufen, und wenn sie – bei Tag oder Nacht – ihren Chorgesang anstimmen, dann klingt das ähnlich wie das Piepsen von Küken.

*Canon EOS-1N, Canon-EF-Makroobjektiv 100 mm, 1/4 Sekunde bei Blende 22, Fujichrome Velvia 50*

## 66 Blattfetzenfisch
*Phycodurus eques*

Südaustralien, Australien

Besser als der Blattfetzenfisch kann man sich eigentlich nicht tarnen. Die früher auch als Blattreicher Seedrache bekannte Art ist geschützt und kommt ausschließlich in den südaustralischen Küstengewässern in der Nähe von Kangaroo Island vor. Fetzenfische gehören zur Familie Syngnathidae, das heißt, sie sind mit den ebenfalls recht ungewöhnlich geformten Seenadeln und Seepferdchen nahe verwandt. Der Blattfetzenfisch gilt als Meister mimetischer Anpassung. Sein Körper ist mit lappenartigen Fortsätzen bedeckt, die ihn wie eine schwimmende Tangpflanze aussehen lassen und dafür sorgen, dass er in Tang und Algenwäldern vollständig verschwindet. Zur Fortbewegung, die wie von Geisterhand erscheint, dienen winzige durchscheinende Flossen. Dabei ahmen die zarten, nur langsam von der Stelle kommenden Geschöpfe die rhythmische Bewegung von Tang in einer Meeresströmung nach. Während sie so durch die Vegetation seichter Rifflandschaften und Seegraswiesen driften, passen Fetzenfische sich ihrer Umgebung auch dadurch farblich an, dass sie mit ihrem röhrenförmigen Mund winzige Krebstierchen der Familie Mysidae fressen.

*Nikon N90, Nikkor-Makroobjektiv 50 mm, Unterwassergehäuse, zwei Blitzleuchten, 1/60 Sekunde bei Blende 22, Fujichrome Velvia 50*

## 68 Schmuckkrabbe
*Stenocionops sp.*

Kalifornien, Vereinigte Staaten

Die von Nordkalifornien bis zur Baja California verbreitete Schmuckkrabbe verwendet Materialien ihrer Umgebung, um sich vor Fressfeinden zu verbergen. Die außergewöhnlichen Krebstiere schmücken ihren Panzer mit lebenden und unbelebten Dingen, um sich optimal an ihre Umgebung anzupassen. Als tarnende Dekoration wählt die Krabbe Tangstückchen, aber auch kleine Tiere wie Seeanemonen, Schwämme und Moostierchen ihres Lebensraums aus und befestigt sie an den klettbandähnlichen Borsten ihres Rückenpanzers. Sämtliche Krebstiere legen im Laufe des Wachstums ihre alten Außenskelette ab und bekommen neue, größere. Bricht der alte Panzer auf, kriecht das noch weiche Tier heraus. Bevor die neue Schale aushärtet, absorbiert es Wasser und dehnt sich quasi auf eine Nummer größer aus als zuvor. Schmuckkrabben nehmen ihre lebende Dekoration beim Häutungsvorgang mit. Sind die Tiere einmal groß genug, um sich problemlos verteidigen zu können, tun sie nichts mehr, um ihren Rückenpanzer zu maskieren. Dennoch siedeln sich dort nach wie vor Meerespflanzen und -tiere an und wachsen ganz von sich aus weiter.

*Nikon N90, Nikkor-Makroobjektiv 50 mm, Unterwassergehäuse, zwei Blitzleuchten, 1/60 Sekunde bei Blende 22, Fujichrome Velvia 100*

## 69 Rundflecken-Anglerfisch
*Antennarius pictus*

New Britain, Papua-Neuguinea

Die meisten Anglerfische können binnen weniger Tage die Farbe wechseln; einige schaffen es sogar binnen Minuten. Diese Aufnahme zeigt den faszinierenden Farbwechsel, mit dem sich ein Rundflecken-Anglerfisch an seine aus Korallen und Algen bestehende Umgebung in den Gewässern vor Papua-Neuguinea anpasst. Der bizarre Fisch verstärkt diese Täuschung mit fransigen und monströsen Auswüchsen auf der Haut, die an Steine, Korallen, Schwämme und Seetang erinnern. Durch seine merkwürdige Gestalt und die ungewöhnliche Farbgebung gut getarnt, erhöht »der Fisch, der angelt« seine Chancen auf die nächste Mahlzeit dadurch, dass er eine an seiner Stirn angewachsene »Angel« mit fleischigem »Köder« vor seinem gewaltigen Maul baumeln lässt. Um auch große Beutetiere im Ganzen schlucken zu können, erweitert der Anglerfisch seine Mundöffnung, die wie eine regelrechte Saugfalle wirkt, auf das zwölffache der normalen Größe. Innerhalb einer sechstausendstel Sekunde ist das Opfer verschwunden. Verliert ein Anglerfisch dabei seine »Angel«, wächst ihm eine neue nach.

*Nikon N90, Nikkor-Makroobjektiv 50 mm, Unterwassergehäuse, zwei Blitzleuchten, 1/60 Sekunde bei Blende 22, Fujichrome Velvia 100*

## 70 Zwergseepferdchen
*Hippocampus bargibanti*

New Britain, Papua-Neuguinea

Wie ein Miniaturgeschöpf, das an einer Polypenautobahn entlangmarschiert, nutzt das Zwergseepferdchen vor der Küste Papua-Neuguineas die Labyrinthstruktur der Koralle, um sich darin zu verstecken. Anfangs hielten Wissenschaftler diese gelben Seepferdchen für eine eigene Spezies, erkannten aber bald, dass es sich dabei lediglich um eine Farbvariante der Art H. bargibanti handelt, die sich an die goldgelbe Färbung ihres Korallenwirtes angepasst hat. Zwergseepferdchen leben einzelgängerisch, aber auch in kleinen Gruppen. Mit ihrem Greifschwanz halten sie sich an Tang oder Seegras fest und lassen sich mit diesen Pflanzen von der Strömung treiben. Nach der Balz, bei der männliche und weibliche Tiere regelrecht miteinander tanzen, legt das Weibchen seine Eier in die Bruttasche des Männchens, wo sie befruchtet werden. Anschließend schwimmt das Weibchen davon und überlässt dem Männchen das »Ausbrüten« und »Gebären« der Winzlinge, die bereits beim Schlüpfen echte Miniaturausgaben ihrer Eltern sind.

*Nikon N90, Nikkor-Makroobjektiv 50 mm, Unterwassergehäuse, zwei Blitzleuchten, 1/60 Sekunde bei Blende 22, Fujichrome Velvia 100*

## **71** Panterbutt
### *Bothus pantherinus*

New Britain, Papua-Neuguinea

Der am Meeresboden vor Papua-Neuguinea lebende Panterbutt wühlt sich mit schaufelnden Bewegungen in den Sand ein, passt Farbe und Zeichnung an seine Umgebung an und liegt dann praktisch reglos auf dem Meeresboden. Außer seinen beiden Augen ist kaum etwas von ihm zu sehen. Wie Chamäleons können diese Plattfische ihre Färbung verändern – mittels in der Unterhaut eingelagerter Pigment regulierender Zellen (Chromatophoren), die sich ausdehnen oder zusammenziehen. Bei Plattfischen unterscheidet man »linksäugige« und »rechtsäugige« Familien, je nachdem, auf welche Körperseite das zweite Auge während des Heranwachsens wandert. Alle sind extrem flachgedrückt und verbringen ihr Erwachsenenleben auf einer Seite liegend am Meeresboden. Bei den meisten Arten bewegt sich immer dasselbe Auge hin zum anderen, »stationären«. Bei manchen jedoch gibt es keine bevorzugte Ober- oder Augenseite, hier kommen Rechts- und Linksäugler gleichberechtigt vor. Butte sind generell Linksseiter, gelegentlich landen die Augen aber auf der verkehrten Körperseite. Fressfeinde finden solche inversen Exemplare allerdings meist schnell und korrigieren den »genetischen Fehler«.

*Nikon N90, Nikkor-Makroobjektiv 50 mm, Unterwassergehäuse, zwei Blitzleuchten, 1/60 Sekunde bei Blende 22, Fujichrome Velvia 100*

## **72** Seeregenpfeifer
### *Charadrius alexandrinus*

Kalifornien, Vereinigte Staaten

Wie ein Stein unter vielen sieht dieser gefiederte Nachahmungskünstler aus, dem sein oben dunkles, unten helles Federkleid perfekte Tarnung gibt. Der Seeregenpfeifer ist ein kleiner Küstenvogel, nur zwischen 35 und 55 g schwer, der sich von anderen Regenpfeifern durch seine Kleinheit und helle Färbung unterscheidet. Es sind Augenvögel, deren Nahrungssuche nach dem für ihre Gattung typischen Prinzip Sehen – Laufen – Stoppen – Picken erfolgt. Einst weit verbreitet, gilt der Seeregenpfeifer inzwischen als stark gefährdet. Schuld sind die sich ständig ausdehnenden menschlichen Siedlungen, Lebensraum- und Nistplatzverlust sowie streunende Hunde und Katzen. 1999 wurden verschiedene Strände entlang der Küste Kaliforniens, Oregons und Washingtons speziell für diese Art unter Schutz gestellt. Regenpfeifer nisten und jagen am Strand oberhalb der Gezeitengrenze, wo sich auch die meisten Menschen aufhalten. Sowohl Nester als auch die Eier sind hervorragend getarnt und selbst aus nächster Nähe kaum zu sehen.

*Canon EOS-1N, Canon-EF-Objektiv 500 mm, 1/15 Sekunde bei Blende 22, Kodak E100VS*

## **73** Blaues Chamäleon
### *Chamaeleo ellioti*

Virunga, Ruanda

Auf dem laubbedeckten Waldboden im ruandischen Nationalpark der Vulkane demonstriert ein Blaues Chamäleon, wie gut es sich zu tarnen vermag. Nur wer genau hinschaut, sieht die unabhängig voneinander beweglichen Augen, die zangenförmigen Kletterfüße und den Greifschwanz, der zum Ausbalancieren dient, aber auch bei Ritualen zum Einsatz kommt. Chamäleons nutzen ihre Körperfarbe zur innerartlichen Kommunikation. So nehmen etwa männliche Tiere bei Kämpfen häufig eine leuchtende Färbung an, um ihren Rivalen einzuschüchtern, und Weibchen zeigen mittels Farbe und Muster, dass sie zur Paarung bereit bzw. dass sie abgeneigt sind. Das Farbwechselvermögen eines Chamäleons hängt mit seinen einzigartigen Hautzellen zusammen. Die Pigmente in diesen Zellen, die Art, wie sie expandieren und kontrahieren, sowie die Art und Weise, wie sie Licht reflektieren – das alles wirkt zusammen. Auslöser für die Zellveränderungen sind Hormone, die das Chamäleon aufgrund äußerer und innerer Stimuli freisetzt.

*Canon EOS-1V, Canon-EF-Makroobjektiv 100 mm, 1/2 Sekunde bei Blende 22, Fujichrome Velvia 100*

## **74** Gelbfuß-Felskänguru
### *Petrogale xanthopus*

Südaustralien, Australien

Auf einem Felsblock im australischen Flinders-Ranges-Nationalpark verschmilzt ein geschütztes Gelbfuß-Felskänguru mit seiner Umgebung. Das Tier ist oben graubraun, unten hellgrau, dazu kommt ein langer gestreifter Schwanz, dem die gesellige Art ihren zweiten gebräuchlichen Namen, Ringschwanz-Felskänguru, verdankt. Die Felskängurus leben in steinigen Wüsten und Hochgebirgen des australischen Outback. Europäische Siedler hielten Felskängurus anfangs für Katzen, weil sie so geschickt und schnell klettern können. In Wahrheit freilich gehören sie zur selben Beuteltierfamilie wie die »echten« Kängurus, sind also Macropodidae – übersetzt »Großfüßer«. Mit den großen Füßen trommeln sie übrigens zur Verständigung oft auf den Boden. Vor der Einfuhr europäischer Füchse hatten Felskängurus in Australien keine natürlichen Feinde und besitzen daher wenig natürliche Abwehrmechanismen. Da sie zudem im ausgehenden 19. und frühen 20. Jahrhundert wegen ihres weichen Fells stark bejagt wurden, sind sie im größten Teil ihres ehemaligen Verbreitungsgebietes selten oder sogar schon fast ausgerottet.

*Canon EOS-1V, Canon-EF-Objektiv 500 mm, 1/30 Sekunde bei Blende 16, Fujichrome Velvia 50*

## **75** Regenbrachvogel
### *Numenius phaeopus*

Vestur Skaftafells, Island

Ein Regenbrachvogel nistet in der einsamen arktischen Tundra Islands. Der amerikanische Maler Abbott Thayer benutzte solche und ähnliche Motive, um seine Theorie der Camouflage und Gegenschattierung zu illustrieren. Dieser große langbeinige Watvogel brütet in der Tundra, überwintert aber in Südamerika oder an den Küsten des südlichen Afrika. Von April bis August bewohnen die oben braun oder graubraun gesprenkelten, unten weißlichen Vögel Sumpfzonen, Heide- und Graslandschaften; während ihrer Wanderungen besuchen sie dann Mündungsdeltas, Salzmarschen, Küstenlagunen und andere Feuchtgebiete. Mit dem langen gekrümmten Schnabel ziehen sie in ihren Brutregionen Insekten und Schnecken aus dem Schlamm. Im Winter steht vermehrt Meereskost auf dem Speisezettel – Krebse, Weichtiere und Würmer.

*Canon EOS-1N, Canon-EF-Objektiv 500 mm, 1/2 Sekunde bei Blende 22, Fujichrome Velvia 50*

## **76** Faltengecko
### *Ptychozoon sp.*

Phangnga, Thailand

Wie ein reptilienförmiger Geist klebt dieser Faltengecko an einem Baumstamm in Südostasien. Er verhält sich vollkommen ruhig und schmiegt seinen Körper dicht an die Rinde, um jeglichen Schattenwurf zu vermeiden. Dazu die faszinierende Färbung und Zeichnung – kein Wunder, dass er Fressfeinde vollendet täuscht. Große, mit Schwimmhäuten versehene Füße, Hautsäume am Körper sowie ein breiter, flach gedrückter Schwanz helfen dem Faltengecko, sich flach an den Untergrund zu pressen und völlig mit seiner Umgebung zu verschmelzen. Kleinere Hautfalten verstärken die Ruderwirkung des platten Schwanzes. Wenn die Tiere von Baum zu Baum gleiten, sind auch die mit Schwimmhäuten versehenen Füße des Geckos nützlich – genau wie die »fliegenden« Laubfrösche benutzen die Echsen sie, um durch die Luft zu »segeln«.

*Canon EOS-1N, Canon-EF-Makroobjektiv 100 mm, 1/60 Sekunde bei Blende 22, Aufhellblitz, Fujichrome Velvia 50*

**77** Flechtengecko
*Uroplatus sikorae*
Montagne d'Ambre, Madagaskar

Die ausschließlich in Madagaskar heimischen Plattschwanzgeckos zählen zu den merkwürdigsten Mitgliedern der Geckofamilie. Es gibt mehrere verschiedene Arten, darunter den hier abgebildeten mittelgroßen Flechtengecko, der seinen Gattungsgenossen recht ähnlich ist. Diese Reptilien sind nicht nur wegen ihrer Schutzfärbung interessant, die sich aus gesprenkelten Braun-, Grau- und Grüntönen zusammensetzt, sondern auch wegen ihrer eigentümlichen flachen, blattförmigen Schwänze. Als nachtaktive Tiere mit großen Augen und schwachen Beißwerkzeugen können sie sich vor dem Gefressenwerden nur durch optimale Tarnung schützen. Farbe und Muster von Flechten nachahmend, verstecken sich Flechtengeckos vor aller Augen auf flechtenbewachsenen Baumstämmen und harren dort auch ihrer nächsten Insektenmahlzeit. Aus diesem Grund glauben viele Madegassen, dass es sich bei ihnen um böse Geister handle – eine Tatsache, die möglicherweise der Erhaltung der Art zugute kommt. Habitatverlust durch Rodung bedroht den Flechtengecko aber dennoch.
*Canon EOS-1N, Canon-EF-Objektiv 80–200 mm, 1/4 Sekunde bei Blende 16, Fujichrome Velvia 50*

**78** Gecko
*Hemidactylus sp.*
Gamo Gofa, Äthiopien

Eine faszinierende Zeichnung löst die Silhouette dieses Tarnkünstlers vor einem Baumstamm fast vollständig auf. Geckos trifft man weltweit in allen wärmeren Klimazonen. Eine Reihe gemeinsamer Merkmale zeichnet sie als Familie aus. Eines davon ist ihre Fähigkeit zur Lautäußerung. Manche stoßen hohe Rufe aus, andere klingen wie Enten und wieder andere wie bellende Hunde. Die meisten Geckos besitzen zu einer Art »Brillenglas« verwachsene Augenlider (genau wie Schlangen) und können sich folglich die Augen putzen, indem sie mit ihrer langen Zunge darüberwischen. Bei nachtaktiven Arten ziehen sich die senkrechten Pupillen bei Helligkeit zu einem schmalen Schlitz zusammen. Alle Geckos haben einen flachgedrückten Körper, einen kurzen Hals und einen breiten, flachen Kopf. Finger und Zehen sind zu Scheiben oder Kissen vergrößert, die mit winzigen Hakenzellen besetzt sind. Diese wiederum ermöglichen es dem Gecko, an senkrechten Wänden, Glasscheiben und sogar über Zimmerdecken zu laufen. Das Porträt zeigt die maximale Entwicklung der Gattung Hemidactylus.
*Canon EOS-1N, Canon-EF-Makroobjektiv 200 mm, 1/60 Sekunde bei Blende 16, Aufhellblitz, Fujichrome Velvia 50*

**79** Sumpfohreule
*Asio flammeus*
Washington, Vereinigte Staaten

Sumpfohreulen nisten und schlafen am Boden und bevorzugen dabei relativ offene Landschaften – hier die fruchtbaren Felder des Skagit Valley im US-amerikanischen Bundesstaat Washington. Es sind mittelgroße, dämmerungsaktive Tiere und, zumindest im nördlichsten Teil ihres Verbreitungsgebiets, auch Zugvögel. Gebrütet wird zwischen Alaska und Mittelkalifornien im Westen sowie zwischen Nordquebec/Neufundland und Virginia im Osten. Eulen aus dem hohen Norden ziehen im Winter in die südlichen Bundesstaaten, manche fliegen sogar bis nach Mexiko. Dank Beringungen weiß man, dass die Vögel innerhalb von 50 Tagen mehr als 1 500 km zurücklegen können und sich in der kalten Jahreszeit zu Gruppen mit 100 oder 200 Mitgliedern zusammentun. Auf dem Speisezettel der Sumpfohreule stehen kleine Säugetiere und Vögel. Häufig sieht man sie auf der Suche nach ihrer nächsten Mahlzeit tief über den Boden streichen, dann wieder jagt die Eule von einem Ansitz aus. Hat sie ein Opfer erblickt, bleibt sie fast in der Luft stehen und stößt dann senkrecht mit ausgestreckten Beinen herab.
*Canon EOS-1V, Canon-EF-Objektiv 80–200 mm, 1/2 Sekunde bei Blende 22, Fujichrome Velvia 50*

**80** Bengaltiger
*Panthera tigris tigris*
Madhya Pradesh, Indien

Der Bengaltiger ist ein mächtiges, über 220 kg schweres Raubtier, das wir hier wie einen gestreiften Schatten im indischen Bandhavgarh-Nationalpark ruhen sehen. Die beeindruckenden Großkatzen bewohnen die Wälder und Mangroven von Indien, Myanmar, Bangladesh, Bhutan und Nepal. Tiger beschleichen ihre Beute, greifen dann aus etwa zehn Meter Entfernung von der Seite oder von hinten an und töten das Opfer mit raschem Kehl- oder Genickbiss. Bis zu 35 kg Fleisch können die außergewöhnlichen Katzen pro Nacht vertilgen – besonders gern erlegen sie Axis- und Sambarhirsche, Gaurs, Wildschweine und kleinere Säugetiere. Tiger sind die größten und massigsten Mitglieder der Katzenfamilie und besitzen die größten Eckzähne aller Landraubtiere. Rund 50-mal schwerer als eine Hauskatze, wurden Tiger als lebende Rammböcke beschrieben, weil sie selbst Beutetiere zu Fall bringen können, die mehr als doppelt so viel wiegen wie sie selbst. Der orangefarbene Pelz mit den charakteristischen schwarzen Streifen mag für eine so große Katze extravagant und auffällig erscheinen. Doch tatsächlich trägt er dazu bei, ihr im Spiel aus Licht und Schatten, wie es in ihrem Lebensraum üblich ist, Deckung zu geben.
*Canon EOS-1Ds Mark II, Canon-EF-Objektiv 70-200 mm, 1/30 Sekunde bei Blende 11, digitale Aufnahme, ISO 800*

**81** Giraffe
*Giraffa camelopardalis*
Transvaal, Südafrika

Ihre hohe, langgliedrige Gestalt und die Fellmusterung lassen diese Giraffe mit ihrer Umgebung verschmelzen, obwohl sie direkt im Blickfeld steht – ein meisterhaftes Beispiel dafür, dass Tiere jeder Größe »verschwinden« können, wenn sie nur die richtige Färbung haben. Jede Giraffe ist individuell gezeichnet, doch immer liegen dunkel oder hell kastanienbraune Flecken unterschiedlicher Form und Größe auf gelbbraunem Hintergrund. Diese Musterung wirkt in Graslandschaften mit hohem Baumbestand als hervorragende Tarntracht. Aus Angst vor Fressfeinden schlafen Giraffen fast immer im Stehen. Aufgrund ihrer Größe können sie Nahrung erreichen, an die andere Huftiere nicht gelangen. Mit ihrer langen muskulösen Zunge und der kräftigen Oberlippe streifen sie Blätter von den Ästen der Akazien und Mimosen. Männchen und Weibchen kann man aus der Entfernung an ihrem unterschiedlichen Fressverhalten erkennen: Während Giraffenbullen sich nach den Spitzen der höheren Bäume recken, neigen Kühe dazu, sich über kleinere Pflanzen zu beugen. Auf den ersten Blick wirken Giraffen wegen ihrer Größe und Gestalt vielleicht etwas ungelenk, doch sie sind ausgesprochen graziös und schnell – im Galopp erreichen sie über 55 km/h.
*Canon EOS-1N, Canon-EF-Objektiv 80–200 mm, 1/30 Sekunde bei Blende 11, Fujichrome Velvia 50*

**82** Leopard
*Panthera pardus*
Transvaal, Südafrika

In der dichten Vegetation neben einem Baum im südafrikanischen Krüger-Nationalpark versteckt, demonstriert ein Leopard, warum die meisten Menschen die scheuen Raubkatzen in freier Natur nie zu Gesicht bekommen – sofern sie nicht mit ausgelegten Ködern in die Nähe einer Touristenlodge gelockt werden. Leoparden sind die Altweltkatzen mit dem größten Verbreitungsgebiet. Die herrlichen, überaus anpassungsfähigen Raubtiere kommen mit nahezu jedem Lebensraum zurecht, und man trifft sie in Wüsten und Bergwäldern ebenso wie in Baumplantagen, Bambusdickichten, im Ried und auf Ackerland. Im Kratereis am Gipfel des 5 895 m hohen Kilimandscharo fand man einen vollständig erhaltenen toten Leoparden. Gelegentlich besuchen Leoparden sogar menschliche Siedlungen. Wegen ihrer Intelligenz und außerordentlichen Geschicklichkeit sind sie hervorragende Jäger – und können sich bemerkenswert gut unsichtbar machen. Gerissene Beutetiere schleppen die nachtaktiven Großkatzen oft in einen Baum, wo sie sich dann in Ruhe ihrer Mahlzeit widmen.
*Canon EOS-1N, Canon-EF-Objektiv 80–200 mm, 1/30 Sekunde bei Blende 22, Fujichrome Velvia 50*

**85** Feuersalamander
*Salamandra salamandra*
Tessin, Schweiz

Das farbenprächtige Herbstlaub der Schweizer Alpen verbirgt einen gleichermaßen farbenprächtigen schwarz-goldenen Feuersalamander. Genauso wie ein leuchtend gelb-schwarzes Verkehrsschild sollen die Farben dieses bodenbewohnenden Schwanzlurches eine Warnung aussprechen. Feuersalamander schmecken überaus scheußlich und produzieren in Hautdrüsen ein giftiges Sekret, das die Augen und Schleimhäute eventueller Angreifer reizt. Fasst beispielsweise ein Hund einen dieser auffälligen Gesellen, lässt er ihn umgehend wieder fallen und schäumt und speichelt als Reaktion auf die ätzende Verteidigungssubstanz. Die langsamen, nachtaktiven Salamander leben in feuchten Waldgebieten bis 2000 m. Am häufigsten bekommt man sie noch nach einem Regenguss zu Gesicht, denn sie entfernen sich auch zur Nahrungssuche nur selten mehr als ein paar Meter von ihrem Unterschlupf. Feuersalamander können in verschiedenen Farbvarianten auftreten, es gibt sogar durchgängig gelbe.

*Canon EOS-1N, Canon-EF-Makroobjektiv 100 mm, 1 Sekunde bei Blende 16, Fujichrome Velvia 50*

**86** Blattähnliche Laubheuschrecke
*Rossophyllum sp.*
Madre de Dios, Peru

Dieses im tropischen Regenwald Perus heimische Insekt ist ein wahrer Nachahmungskünstler. Nur wenige Blätter auf dem Waldboden sind vollständig erhalten; die meisten weisen Bissspuren von Insekten auf und befinden sich in unterschiedlichen Stadien der Verrottung. Vollkommen reglos dasitzend, imitiert diese Blattschrecke Form und Färbung eines angeknabberten welken Blattes, um so dem Gefressenwerden durch Affen, Fledermäuse und Vögel zu entgehen. Die Tarnung ist so vollendet – man meint sogar Blattadern und abgestorbene Stellen zu sehen –, dass die Laubheuschrecke nur bei genauestem Hinschauen zu erkennen ist. In dem evolutionären Rüstungswettlauf zwischen Beutegreifern und Beutetieren kommt eine solche optische Täuschung dem Endziel relativ nahe. Was wie etwas ganz Natürliches aussieht, kann durchaus ein gut maskierter Schwindler sein.

*Canon EOS-1N, Canon-EF-Makroobjektiv 100 mm, 1/2 Sekunde bei Blende 16, Aufhellblitz, Fujichrome Velvia 50*

**87** Raupe
*Archaeoprepona meander*
Colón, Panama

Eines der welken Blätter auf diesem Bild ist ein Simulant! Um dem Gefressenwerden zu entgehen, hat sich eine höchst merkwürdig geformte braune Raupe große Mühe gegeben, mögliche Angreifer zu täuschen. Die Raupe, die ich auf der Insel Barro Colorado fotografierte, setzt Mimikry ein (sie imitiert ein ungenießbares Objekt), damit sie mit ihrer Umgebung verschmilzt. Tagsüber hockt sie unbeweglich da, doch nachts, wenn viele ihrer Fressfeinde schlafen oder, weil es dunkel ist, schlechter sehen, macht sie sich an die Nahrungsaufnahme. Es geht nur darum, lange genug zu überleben, um die Metamorphose zum erwachsenen Tier zu schaffen – in diesem Fall ein unscheinbarer brauner Schmetterling zu werden, der durch das Unterholz gaukelt, frisst, sich paart und Eier legt, bevor er stirbt, vorzugsweise eines natürlichen Todes. Der englische Naturforscher Henry Walter Bates war der Erste, der das Phänomen der Mimikry wissenschaftlich beschrieb. Das war Mitte des 19. Jahrhunderts. Seither haben Forscher solche und ähnliche Täuschungsmanöver mit vielen verschiedenen Namen belegt: kryptische Färbung etwa, Gestaltauflösung oder Somatolyse; der einfachste lautet »Tarnung«.

*Canon EOS-1N, Canon-EF-Makroobjektiv 100 mm, 1/2 Sekunde bei Blende 16, Fujichrome Velvia 50*

**88** Carolina-Nachtschwalbe
*Caprimulgus carolinensis*
Florida, Vereinigte Staaten

Mit geschlossenen Augen hockt eine graubraun gesprenkelte Carolina-Nachtschwalbe vollendet getarnt zwischen welkem Laub. Fühlt sie sich gestört, fliegt sie ein kurzes Stück, landet wieder und verschwindet erneut im Laub. Die nachtaktiven, etwa taubengroßen langschwänzigen Vögel sind bei Tageslicht nur sehr selten zu beobachten. In der Dunkelheit fliegen sie dicht über dem Boden durch lichte Wälder und fangen mit ihrem kurzen Schnabel Fluginsekten, Käfer, geflügelte Termiten und Ameisen. Doch auch größere Tiere wie Spatzen, Zaunkönige und Kolibris stehen auf ihrem Speisezettel. Carolina-Nachtschwalben brüten im Frühjahr. Das Weibchen legt seine zwei bis vier Eier einfach auf den nackten Boden oder ins Laub. Um sich vor Entdeckung zu schützen, tragen die cremeweißen Eier purpurne und braune Flecken. Während der Brutsaison trifft man Carolina-Nachtschwalben fast im gesamten Osten der Vereinigten Staaten, das nördliche Drittel und die Gebirgsregionen ausgenommen. Zum Winter hin fliegt die Art an die Südspitze Floridas, zu den Großen Antillen, nach Mittelamerika oder wandert sogar bis ins nördliche Südamerika.

*Canon EOS-1N, Canon-EF-Objektiv 80–200 mm, 1/8 Sekunde bei Blende 22, Fujichrome Velvia 50*

**89** Falkennachtschwalbe
*Chordeiles minor*
Washington, Vereinigte Staaten

Auf einem Felsblock im Osten des US-amerikanischen Bundesstaats Washington ruht eine Falkennachtschwalbe mit geschlossenen Augen – weitgehend ungestört, denn Farben und Zeichnung ihres gesprenkelten Gefieders lassen sie fast vollständig mit ihrer Umgebung verschmelzen. Falkennachtschwalben waren schon den Indianern bekannt und spielen in ihren Mythen eine wichtige Rolle. Häufig sieht man die gewandten Flieger in der Dämmerung durch die Lüfte schwirren und abrupt abtauchen oder die Richtung ändern, wenn sie aus dem Flug heraus Moskitos, fliegende Ameisen oder andere Insekten jagen. Sie halten sich bevorzugt in offenen Landschaften in der Nähe von Gewässern und Lichtquellen auf, wo sie reichlich Nahrung finden. Nachtschwalben haben einen schier unersättlichen Appetit. Bei der Untersuchung von Mageninhalten fand man heraus, dass ein einziger Vogel in nur einer Nacht 500 Moskitos gefangen hatte, ein anderer 2 175 fliegende Ameisen. Zur Fortpflanzungszeit steigt das Männchen der auch Nachtfalke oder Nachthabicht genannten Art steil in den Himmel auf, um sich gleich darauf wieder in Richtung Boden zu stürzen, wobei die Schwingen ein brausendes Geräusch verursachen.

*Canon EOS-1V, Canon-EF-Objektiv 500 mm, 1/8 Sekunde bei Blende 22, Fujichrome Velvia 50*

**90** Argentinischer Graufuchs
*Pseudalopex griseus*
Magallanes y Antártica Chilena, Chile

Fast sieht es so aus, als würde dieser Argentinische Grau- oder Kampffuchs verschmitzt grinsen, weil er, obwohl voll im Gesichtsfeld, zwischen Steinen, Flechten und braungrüner Vegetation praktisch unsichtbar ist. Zu verdanken hat er das seinem scheckigen graubraunen Pelz. Die in Patagonien, Westargentinien, Chile und Peru heimischen kleinen, nachtaktiven Allesfresser leben beiderseits der Anden in Wüsten, Graslandschaften und an Waldrändern. Der Argentinische Graufuchs hat große Ohrmuscheln, die ihm erlauben, nachts seine Beute besser aufzuspüren, sowie einen langen buschigen Schwanz. Wegen seines herrlichen Pelzes ist er leider oft Ziel der Nachstellungen menschlicher Jäger. Die in Argentinien als bedroht geltende Art lebt monogam, und beide Elterntiere kümmern sich gemeinsam um den Nachwuchs. Auf dem Speisezettel stehen Kaninchen und kleine Nagetiere, daneben Insekten, Vögel, Reptilien, Früchte und Getreide. Graufüchse sind ausgesprochen nützlich, denn sie halten nicht nur Schädlingspopulationen in Schach, sondern fungieren in ihrem Lebensraum auch als Samenverteiler.

*Canon EOS-1V, Canon-EF-Objektiv 500 mm, 1/30 Sekunde bei Blende 16, Fujichrome Velvia 50*

**91** Schwarzbär
*Ursus americanus*
Alaska, Vereinigte Staaten

Vollständig im Schatten verborgen, lässt sich ein Schwarzbär am Anan Creek in Alaska sein Mahl munden. Die zwischen 60 und 300 kg schweren und damit mittelgroßen Bären kommen in unterschiedlichen Farbformen vor: Neben schwarzen gibt es auch braune, zimtfarbene, weiße und sogar bläulichgraue Tiere. Ursprünglich glaubte man, sie würden offene Landschaften meiden, weil sie die dort lebenden Braunbären fürchteten. Heute sind sie in sämtlichen bewaldeten Regionen Nordamerikas verbreitet, und ihr erdfarbener Pelz bietet ihnen im Sonnenlicht ebenso Deckung wie im Schatten. Man trifft sie von Meereshöhe an bis auf über 2000 m, und zwar im nördlichen Mexiko, fast in den gesamten Vereinigten Staaten und mit Ausnahme der Prinz-Edward-Insel in ganz Kanada. Schwarzbären sind Allesfresser; sie verspeisen Insekten (insbesondere Ameisen) ebenso wie Nüsse, Beeren, Gräser und Wurzeln, dazu kommen Erdhörnchen und Lachse, gelegentlich auch Hirsch- und Elchkälber. Abgesehen von Weibchen, die Junge führen, leben Schwarzbären als Einzelgänger.
*Canon EOS-1N, Canon-EF-Objektiv 80–200 mm, 1/30 Sekunde bei Blende 11, Fujichrome Provia 100*

**92** Tordalk
*Alca torda*
Rangavalla, Island

Ein Tordalk-Pärchen verschwindet im Mix aus Licht und Schatten einer Felswand an der isländischen Küste. Tordalke sind mittelgroße Seevögel, die nur zum Brüten an Land kommen – oder um sich nach einem heftigen Sturm auszuruhen. Ansonsten verbringen sie ihre Zeit weit draußen auf dem Nordatlantik. Ihre Nistplätze liegen in Island, Grönland, im Nordosten Kanadas und entlang der Küste Großbritanniens, wo man die größten Kolonien in Nordschottland findet. Am liebsten halten sie sich dann auf Felsklippen in direkter Nähe des Wassers auf. Um Fische, Garnelen und Tintenfische zu fangen, tauchen die geschickten Hochseebewohner bis zu 20 m tief. Die oben dunklen, unten weißen Vögel sind auf dem Wasser leicht an ihrem relativ großen Kopf, dem kräftigen Schnabel und dem aufwärts weisenden Schwanz zu erkennen. Auch sie nutzen das Prinzip der Gegenschattierung: Das schöne, oben schwarz gesprenkelte, unten weiße Federkleid dient als Tarnung beim Brüten, ist aber mindestens ebenso wichtig, wenn sich die Vögel draußen am Meer aufhalten. Aus dem Blickwinkel von Raubfischen gesehen, verschmilzt die weiße Unterseite nämlich mit dem hellen Himmel, wenn die Vögel im Wasser schwimmen oder dicht über die Oberfläche streichen.
*Canon EOS-1N, Canon-EF-Objektiv 500 mm, 1/8 Sekunde bei Blende 16, Fujichrome Velvia 50*

**93** Seehund
*Phoca vitulina*
Britisch-Kolumbien, Kanada

Dank Fellfarbe und -zeichnung vollständig mit seiner Umgebung verschmelzend, ruht ein Seehund zwischen Felsen und Algen an der Westküste Kanadas. Diese weit verbreitete Robbenart nutzt bisweilen von Menschen geschaffene Gegenstände und macht es sich auf Kais oder sogar in Booten bequem. An Land liegen Seehunde gern in Bananenform, Kopf und Schwanzflosse etwas erhöht. Im Wasser können die stromlinienförmigen Säugetiere zwischen 15 und 28 Minuten lang den Atem anhalten, an die 200 m tief tauchen und Geschwindigkeiten von 20 km/h erreichen. Bevor sie zu einem tiefen Tauchgang ansetzen, atmen Seehunde aus, um die Luftmenge in ihrer Lunge zu reduzieren; das ist ihnen möglich, weil sie Sauerstoff im Blut und im Muskelgewebe speichern, nicht in der Lunge. Einige Forscher glauben Hinweise darauf gefunden zu haben, dass Seehunde ihre Nahrung auch mittels Echolot orten.
*Canon EOS-1V, Canon-EF-Objektiv 500 mm, 1/250 Sekunde bei Blende 11, Fujichrome Velvia 50*

**94** Warzen-Steinfisch
*Synanceia horrida*
New Britain, Papua-Neuguinea

Steinfische wie der hier abgebildete gelten als Inbegriff eiskalten Verrätertums in der Welt des Fressens- oder Gefressenwerdens. Die scheinbar griesgrämig dreinblickenden Meeresbewohner sind in ihrem Lebensraum aus Korallen und Schwämmen vollendet getarnt. Im Hinterhalt lauernd, überraschen sie ihr Opfer mit einem blitzartigen Angriff. So schnell ist das Beutetier geschluckt, dass selbst ganz in der Nähe befindliche Artgenossen des Opfers oft gar nichts davon mitbekommen. Steinfische sind auf Tarnung angewiesen, um zu überleben; doch bei Gefahr können sie noch auf ein weiteres Verteidigungsinstrument zurückgreifen: Ihre Rücken- und Afterflossen sind mit giftigen Stacheln bestückt. Wird ein Steinfisch entdeckt, spreizt er seine Flossen und zielt mit den leuchtend gefärbten Stacheln auf den Angreifer, so als wolle er auf die tödlichen Konsequenzen hinweisen. Steinfische besitzen 13 mit Giftdrüsen ausgestattete Rückenstacheln. Zum Glück für uns Menschen sind Steinfische, deren Gift nicht nur Schmerzen verursacht, sondern binnen zwei Stunden zum Tode führen kann, nicht aggressiv und halten sich bevorzugt in Spalten auf.
*Nikon N90, Nikkor-Makroobjektiv 50 mm, Unterwassergehäuse, zwei Blitzleuchten, 1/60 Sekunde bei Blende 22, Fujichrome Velvia 100*

**95** Krokodilfisch
*Cymbadephalus beauforti*
New Britain, Papua-Neuguinea

Auch der Krokodilfisch, dessen deutscher Name sich aus der Maulform erklärt, ist ein Bodenbewohner, der sich zum Beutemachen auf seine Tarnung verlässt. Seine zarte Zeichnung und Färbung machen dieses zur Familie Flachköpfe (Platycephalidae) gehörende Tier nahezu unsichtbar. Obendrein verfügt die Art über Hautlappen, mit denen sie die schwarzen Pupillen ihrer Augen verdecken kann. Krokodilfische leben auf dem mit Sand und Kies bedeckten Meeresboden in der Nähe von Mangroven, Seegras und Korallen. Von den Philippinen bis nach Neukaledonien verbreitet, bevorzugt dieser Meeres-Tarnkünstler seichte Stellen mit nicht mehr als 30 m Tiefe. Anders als Drachen- und Steinfische, die mit giftigen Stacheln bewehrt sind, besitzt der Krokodilfisch ein Maul voller spitzer Zähne. Bei Gefahr flüchtet er nicht, sondern verlässt sein Versteck und greift den Widersacher frontal an.
*Nikon N90, Nikkor-Makroobjektiv 50 mm, Unterwassergehäuse, zwei Blitzleuchten, 1/60 Sekunde bei Blende 22, Fujichrome Velvia 100*

**96** Schleimfisch und Krebstierchen
*Chirolophis decoratus und Scyra acutifrons*
Britisch-Kolumbien, Kanada

Ein merkwürdiges Pärchen ist es, das hier in einem Unterwasserambiente verschiedenster Formen, Farben und Muster in den kühlen Wassern vor der Küste Britisch-Kolumbiens lebt. Am ehesten sichtbar ist noch der Schleimfisch Chirolophis decoratus, der baumartig verzweigte Tentakeln am Kopf trägt. Diese Auswüchse, die an mehreren Stellen erscheinen, können einerseits der Tarnung, gleichzeitig aber auch als Köder für Wirbellose dienen, von denen sich diese Art ernährt. Dazu ein Paar große Augen, dicke Lippen und der aalförmige Körper – ein wahrhaft merkwürdig aussehender Geselle. Die im Nordpazifik heimischen scheuen Fische besiedeln seichte Meeresregionen von Nordkalifornien (Humboldt Bay) bis zu den Aleuten und der Beringstraße. Ebenfalls auf dem Bild zu sehen ist ein Krebstierchen Scyra acutifrons, dessen wissenschaftlicher Artname so viel wie »Spitzstirn« heißt. Wenn der kleine Kerl seine »Stirn« nicht gerade mit Tang oder Ähnlichem schmückt oder Abfälle frisst, bleibt er meist in seinem Versteck.
*Canon EOS-1Ds, Canon-EF-Objektiv 24–70 mm, 1/2 Sekunde bei Blende 16, digitale Aufnahme, ISO 100*

## **97** Groppe und Schleimfisch *Artedius harringtoni und Chirolophis nugator*

Britisch-Kolumbien, Kanada

Eine Groppe der Gattung Artedius verharrt reglos an einem Fleck, wo ihre Färbung optimalen Sichtschutz bietet. Viele Groppen können sich, was Farbe und Textur angeht, an ihre Umgebung angleichen und so den Angriffen von Fressfeinden – größeren Fischen und Seevögeln – entgehen, während sie ihrerseits auf kleine Wirbellose lauern, ihre Beute. Die ausgesprochen territorialen Groppen leben in felsigen Flussbetten oder Gezeitenbecken, wo sie so lange unsichtbar bleiben, bis sie den für sie typischen raschen Angriff starten. Mit auf diesem Bild zu sehen ist auch ein Schleimfisch, der farblich so vollständig an den Tang angepasst ist, in dem er sich aufhält, dass man schon ganz genau hinschauen muss, um ihn zu entdecken. Dann freilich erkennt man auch das grüne »Moos« auf seinem Kopf sowie eine Reihe fransiger »Wimpern« an der Maulöffnung. Der kleine Fisch, der von Alaska bis Südkalifornien (San Miguel Island) anzutreffen ist, gehört zur Familie der Stachelrücken (Stichaeidae) und verbirgt sich gern in Felsspalten, leeren Flaschen und Muscheln, wobei er nur seinen gut getarnten Kopf zeigt.

*Canon EOS-1Ds, Canon-EF-Objektiv 24–70 mm, 1/2 Sekunde bei Blende 16, digitale Aufnahme, ISO 400*

## **99** Papua-Drachenkopf *Scorpaenopsis papuensis*

New Britain, Papua-Neuguinea

Algenbewachsenen Gesteinsbrocken nicht unähnlich, sind Drachenköpfe oder Skorpionfische echte Meister der Tarnung. Auffällige Hautanhängsel unterschiedlicher Form und Länge lassen sie zwischen Korallenresten und Sand buchstäblich verschwinden. Dem Ruf, monströs auszusehen, gefährlich zu sein (Finger weg!) und ihren Opfern hinterlistig aufzulauern, werden diese Raubfische durchaus gerecht. Tatsächlich sind sie beim Beutefang auf Täuschung, List und blitzschnelle Reflexe angewiesen, wenn sie nicht verhungern wollen. Innerhalb von Sekundenbruchteilen wird das glücklose Opfer mit gewaltigem Sog in die große Mundöffnung gezogen. Die Zeit zwischen solchen Fressaktionen verbringen die farbenfrohen Drachenköpfe ruhig und unauffällig an einem Korallenriff. Taucher, die einem Exemplar versehentlich zu nahe kommen, erfahren freilich rasch, warum diese Geschöpfe auch Skorpionfisch heißen: Der Kontakt mit den giftigen Stacheln hat schon manchen zu einem Krankenhausaufenthalt genötigt.

*Nikon N90, Nikkor-Makroobjektiv 50 mm, Unterwassergehäuse, zwei Blitzleuchten, 1/60 Sekunde bei Blende 22, Fujichrome Velvia 50*

## **100** Zwergseepferdchen *Hippocampus bargibanti*

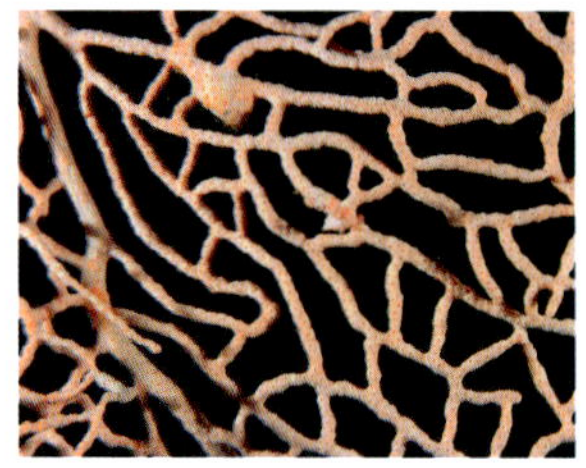

New Britain, Papua-Neuguinea

Gerade einmal einen Zentimeter lang, illustriert dieses winzige Tier die Kunst der Tarnung auf faszinierende Weise. Die zart rosafarbene Färbung und seine charakteristische Gestalt lassen das Zwergseepferdchen wie einen Ast der Koralle aussehen, die es imitiert. Bei dieser Art sind verschiedene Farbvarianten bekannt, eine ist hellgrau oder purpurn mit rosafarbenen oder roten Auswüchsen, eine andere gelb mit orangefarbenen Auswüchsen. Zwergseepferdchen leben ausschließlich an Fächerkorallen der Gattung Muricella in Tiefen zwischen 15 und 40 m. Die knotigen Auswüchse an der Körperoberfläche tragen dazu bei, das Seepferdchen fast völlig zwischen den Korallenpolypen verschwinden zu lassen. Ansonsten teilen die vor Papua-Neuguinea heimischen Miniaturfische nahezu alle Eigenschaften, die man von ihren größeren Vettern her kennt.

*Nikon N90, Nikkor-Makroobjektiv 50 mm, Unterwassergehäuse, zwei Blitzleuchten, 1/60 Sekunde bei Blende 22, Fujichrome Velvia 100*

## **101** Schleierbäumchen-Spinnenkrabbe *Hoplophrys oatesii*

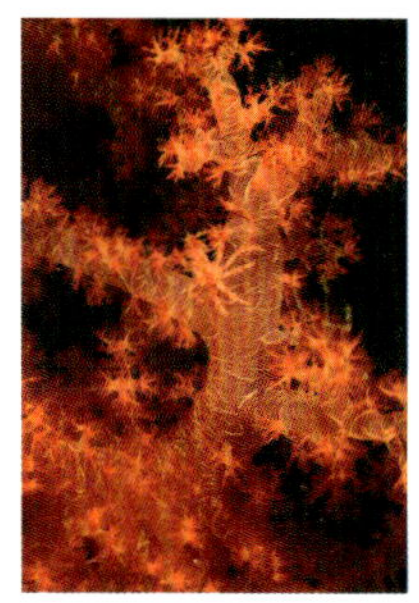

New Britain, Papua-Neuguinea

Der ausgefallene Name ist keineswegs zu exzentrisch für dieses eigentümliche Geschöpf, das sich perfekt an seinen Lebensraum zwischen Korallenpolypen angleicht. Dabei kann man die Krabbe schon deshalb leicht übersehen, weil sie nicht einmal fünf Millimeter groß ist. Für einen Winzling fährt sie wirklich ein erstaunliches Tarngeschütz auf: Um den Weichkorallen möglichst ähnlich zu sehen (sie wird auch Weichkorallen-Spinnenkrabbe genannt), ist ihr Körper mit rosaroten und weißen Strichen überzogen – eine Färbung, die die Spinnenkrabbe dadurch erzielt, dass sie die Polypen der Koralle frisst und so deren rote Pigmente aufnimmt. Dieses Zusammenleben der beiden Arten ist ein weiteres Wunder natürlicher Selektion. Um die optische Täuschung (und den Schutz vor Fressfeinden) zu vervollkommnen, zieht sich die Spinnenkrabbe Polypenäste über Beine und Rücken. Weil rotes Licht von der Wasseroberfläche absorbiert wird, verschwinden rote Objekte in einiger Wassertiefe. Aus diesem Grund ist Rot die Farbe der Wahl, wenn Meeresbewohner sich unsichtbar machen wollen.

*Nikon N90, Nikkor-Makroobjektiv 50 mm, Unterwassergehäuse, zwei Blitzleuchten, 1/60 Sekunde bei Blende 22, Fujichrome Velvia 50*

## **102** Schaukelfisch *Taenianotus triacanthus*

New Britain, Papua-Neuguinea

Sanft mit der Strömung im Seetang schaukelnd, wartet dieser völlig harmlos wirkende Fisch auf seine nächste Mahlzeit. Sobald jedoch ein hungriger Meeresbewohner Anstalten macht, am Grün zu knabbern, ist er – schwupps – im Maul des ebenso gut getarnten wie heimtückischen Raubfisches verschwunden. Indem er sich das Aussehen von Algen aneignet, schützt sich der Schaukelfisch vor Fressfeinden und lockt gleichzeitig Beutetiere an – kleinere Fische und Schaltiere, die ahnungslos nahe genug herankommen, um von ihm verschlungen zu werden. Die »Verkleidung« ist so perfekt, dass auch Menschen verletzt werden, wenn sie versehentlich auf einen Schaukelfisch treten. Die giftigen, sich aufrichtenden Stacheln können sogar Schuhsohlen durchbohren! Fühlt sich ein Schaukelfisch bedroht, verwandelt er in Sekundenschnelle sein Aussehen: Er spreizt dann seine Schwanz- und Rückenflossen, was versteckte Warnfarben sichtbar werden lässt.

*Nikon N90, Nikkor Makroobjektiv 50 mm, Unterwassergehäuse, zwei Blitzleuchten, 1/60 Sekunde bei Blende 22, Fujichrome Velvia 50*

## **103** Rundflecken-Anglerfisch *Antennarius pictus*

New Britain, Papua-Neuguinea

Aufgrund natürlicher Selektion hat sich eine Vielzahl höchst merkwürdig, ja bizarr aussehender Geschöpfe entwickelt. Eines davon ist der Rundflecken-Anglerfisch, der vor Papua-Neuguinea zu Hause ist. Am besten beobachten lässt sich dieser Meister der Tarnung in den Schwammgärten und Algenbetten des nördlichen Meereskanals zwischen Sulawesi und Lambeh. Hier liegen die plumpen Räuber zwischen Schwämmen, Korallenresten und Algen, die ihnen optimale Versteckmöglichkeiten bieten. Auf ihren Brust- und Bauchflossen, die besser zum Laufen als zum Schwimmen taugen, verfolgen sie mitunter ihre nächste Mahlzeit über den Meeresboden. Für gewöhnlich aber beschränken sie sich darauf, einfach zu warten. Bei Anglerfischen ist die erste Rückenstrahlflosse zu einer »Angel« mit »Köder« umgebildet. Damit locken die Tiere Opfer an, die dann blitzschnell in die große Mundöffnung gesaugt werden. Anglerfische können ihre Hautfarbe an jedes Ambiente anpassen. Musterung und ungewöhnliche Gestalt machen es praktisch unmöglich zu erkennen, wo der Fisch aufhört und die Umgebung anfängt – ideale Voraussetzungen für einen Beutegreifer, der seinen Opfern im Verborgenen auflauert.

*Nikon N90, Nikkor-Makroobjektiv 50 mm, Unterwassergehäuse, zwei Blitzleuchten, 1/60 Sekunde bei Blende 22, Fujichrome Velvia 100*

## 104 Kalifornisches Erdhörnchen *Spermophilus beecheyi*

Kalifornien, Vereinigte Staaten

Nicht nur für Menschen auf den ersten Blick absolut unsichtbar, sichert ein Kalifornisches Erdhörnchen vorsichtig seine Umgebung auf der Monterey-Halbinsel. Dass diese Täuschung so vollkommen gelingt, hängt mit der Farbe und Fellzeichnung des Tierchens zusammen. Es handelt sich um Gestaltauflösung – ein von dem britischen Zoologen Hugh B. Cott geprägter Terminus, der damit Tiere beschreibt, deren Gestalt oder Silhouette durch ihre Zeichnung so »aufgelöst« wird, dass sie noch mehr mit ihrem Hintergrund verschmelzen. Kalifornische Erdhörnchen wohnen und überwintern in unterirdischen Bauten, die ein komplexes Tunnelsystem bilden. Im Sommer halten sie sich tagsüber mehrere Stunden lang über der Erde auf, um Pflanzen zu fressen, Sonnen- und Staubbäder zu nehmen und sich der Fellpflege zu widmen. Mitunter kann man die putzigen Kerlchen beobachten, wenn sie richtiggehend in der Sonne liegen oder reglos auf den Hinterbeinen hockend die Umgebung nach Fressfeinden absuchen. Beim ersten Anschein von Gefahr beschleunigen sie quasi von null auf hundert in Richtung sicherer Bau, von dem aus sie dann laute Warnrufe ausstoßen.

*Canon EOS-1N, Canon-EF-Objektiv 80–200 mm, 1/30 Sekunde bei Blende 16, Fujichrome Velvia 100*

## 105 Gottesanbeterin *Mantidae (Familie)*

Loreto, Peru

Wer gesehen wird, ist schon halb gefressen – deshalb ist es für Beutespezies so besonders wichtig, sich möglichst unsichtbar zu machen. Hier benutzt eine Gottesanbeterin in der Nähe des peruanischen Napo-Flusses ihre Tarnfarben und -musterung, um mit ihrer Umgebung zu verschmelzen. Dies gelingt so vollständig, dass sich der Umriss des Raubinsekts vor der flechtenbewachsenen Baumrinde selbst bei genauestem Hinsehen nicht mehr ausmachen lässt. Die Farbe von Gottesanbeterinnen variiert zwischen Dunkelbraun und Hellgrün. Erwachsene Exemplare dieser Fangschrecke sind flugfähig und verfügen über exzellentes Sehvermögen. Außerdem haben sie ihre Ohren am ersten Hinterteilsegment. Doch Gottesanbeterinnen nutzen ihre Tarnung nicht nur zum Selbstschutz; da sie selbst Insekten fressen, dient ihnen ihr Versteckspiel auch dazu, Beutetiere ganz nahe an sich herankommen zu lassen. Dann packen sie ihr Opfer mit den Fangarmen und fressen es bei lebendigem Leibe auf.

*Canon EOS-1N, Canon-EF-Objektiv 80–200 mm, 1/60 Sekunde bei Blende 11, Fujichrome Velvia 50*

## 106 Wüstenteufel *Moloch horridus*

Northern Territory, Australien

Der ausschließlich in Australien vorkommende Wüsten- oder Dornteufel ist ein Tarnkünstler, der sich dank seiner Erdfarben im Wüstensand oder zwischen Vegetation so unsichtbar machen kann, dass man ihn manchmal selbst dann nicht sieht, wenn man direkt über ihm steht. Von der Gestalt her den nordamerikanischen Krötenechsen ähnlich, ist der Wüstenteufel die einzige Art seiner Gattung. Die mit Stachelschuppen bedeckte Agame läuft langsam über den Boden, lebt von Ameisen und Termiten und nutzt ihren Panzer sowie die ungewöhnliche Gestalt und Färbung nur zur Abwehr von Fressfeinden. Der wissenschaftliche Name bedeutet übersetzt in etwa »Schrecken erregender Moloch«. Trotz des gefährlich klingenden Namens und ihres »abschreckenden« Äußeren sind Wüstenteufel zutrauliche und völlig harmlose Tiere. Man kann sie ohne weiteres hochnehmen; ihre Dornen stechen nicht, und wenn man sich ruhig verhält, schlafen die vertrauensseligen Echsen sogar in der Hand ein.

*Canon EOS-1V, Canon-EF-Makroobjektiv 100 mm, 1/4 Sekunde bei Blende 22, Fujichrome Velvia 50*

## 109 Mülleramazone *Amazona farinosa*

Chan Chich, Belize

Fast für ein weiteres Blatt hält man die Mülleramazone im üppiggrünen zentralamerikanischen Regenwald. Diese großen und kräftigen Papageien, die sich durch grünen Körper, blassblauen Scheitel und große, weiß umrahmte Augen auszeichnen, leben gewöhnlich paarweise oder kleinen Gruppen mit vier bis sechs Mitgliedern. Auf ihrem Speiseplan stehen Früchte, Sämereien und Blüten, wie sie in den feuchtheißen Waldgebieten gedeihen. Das Verbreitungsgebiet der Mülleramazone reicht vom südlichen Mexiko über Kolumbien und das Amazonasbecken bis in den Südosten Brasiliens. Die Vögel nisten im Frühjahr in natürlichen Baumhöhlen; allerdings kann man nur schwer zwischen Männchen und Weibchen unterscheiden, da es keinen Geschlechtsdimorphismus gibt. Aufgrund des Lebensraumverlusts und illegalen Fangs für den Zoohandel sind die wunderschönen Papageien in ihrer Heimat inzwischen bedroht. Doch in Schutzgebieten kann man ihre lautstarken Unterhaltungen noch vernehmen, tagsüber und vor allem auch abends, wenn sie sich zu ihren Ruheplätzen begeben.

*Canon EOS-1N, Canon-EF-Objektiv 500 mm, 1/15 Sekunde bei Blende 16, Fujichrome Velvia 50*

## 110 Fleckenkauz *Strix occidentalis caurina*

Washington, Vereinigte Staaten

Wie zum Fototermin bestellt, sitzt ein Fleckenkauz vor dem mächtigen Stamm einer Douglasie, die zu einem uralten Baumbestand unweit der zerklüfteten Küste des US-amerikanischen Bundesstaates Washington gehört. Da diese Eule ein riesiges Revier benötigt und ausgesprochen empfindlich auf Störungen reagiert, gilt sie inzwischen als bedroht. Fleckenkauze ruhen bei Tag, gut getarnt durch ihr erdfarbenes, dunkel- bis kastanienbraunes Federkleid, das kleine ovale weiße Tupfen oder eben »Flecken« trägt. Nach Einbruch der Dunkelheit durchfliegen die nachtaktiven Beutegreifer die oberen Etagen des Waldes und spähen nach Nagern. Gut 45 cm hoch und mit einer Flügelspannweite von rund 1,20 m zählen sie zu den größeren Eulenarten Nordamerikas. Wie viele Raubtiere nutzen auch Eulen »akustische Tarnung«, um sich vor eventuell herannahenden Opfern zu verbergen. Sie sitzen mucksmäuschenstill und warten, um blitzschnell zuzuschlagen, wenn sie mit ihrem feinen Gehör und den scharfen Augen ein Nagetier entdeckt haben.

*Canon EOS-1Ds, Canon-EF-Objektiv 70–200 mm, 1 Sekunde bei Blende 22, digitale Aufnahme, ISO 400*

## 111 Schwarzwedelhirsch *Odocoileus hemionus columbianus*

Washington, Vereinigte Staaten

Wie auf einem Gemälde steht dieser Schwarzwedelhirsch vor einer zauberhaften, moosverhangenen Regenwaldkulisse, wie man sie im Olympic-Nationalpark des US-Bundesstaats Washington noch vorfindet. Inmitten der üppigen Vegetation mit ihren zahlreichen Braun- und Grüntönen nahezu unsichtbar, streift der Hirsch fast geräuschlos durch das Unterholz, knabbert hier und da an einer Flechte oder anderem Grünzeug und ist dabei stets auf der Hut vor Pumas. Schwarzwedelhirsche – sie haben ein weißes Hinterteil und einen schwarzen »Wedel« – trifft man nur auf den Inseln des pazifischen Nordwestens sowie den westlichen Hängen der Küstengebirge Nordamerikas. Auf der Suche nach Gräsern, Laub, Zweigen und Büschen, von denen sie sich ernähren, besuchen die Hirsche häufig durch Waldbrände oder Rodungen entstandene Lichtungen. Wenn sie in der Dämmerung am Waldrand grasen, sind sie praktisch unsichtbar. Zwillingsgeburten kommen häufig vor, und die Mutter versteckt die Kälber, während sie in der Nähe frisst. Neugeborene liegen oft lange Zeit völlig reglos am Boden; weiße Tupfen im Fell und völlige Geruchlosigkeit schützen sie vor Fressfeinden.

*Canon EOS-1N, Canon-EF-Objektiv 80–200 mm, 1/8 Sekunde bei Blende 16, Fujichrome Velvia 50*

**112** Rotfuchs
*Vulpes vulpes*
Minnesota, Vereinigte Staaten

Umrahmt von herbstlicher Vegetation, die genau mit seinem rostroten Pelz übereinstimmt, patrouilliert ein Rotfuchs in seinem Revier und hält dabei immer Ausschau nach Nahrung. Dieser scheue, kleine und schlanke Hundeverwandte schafft es gewöhnlich, sich völlig versteckt zu halten und so nicht nur Rotluchsen und Kojoten zu entgehen, sondern auch Menschen, die auf ihn Jagd machen wollen. Sein bevorzugter Lebensraum sind Waldränder, Wiesen und Marschland, doch er bewohnt auch landwirtschaftliche Nutzflächen, Wälder und sowohl alpine als auch arktische Tundren. Als effiziente Allesfresser sind Rotfüchse nicht sonderlich wählerisch, was ihren Speiseplan angeht. Sie verzehren alles, was sich ihnen bietet – darunter Getreide, Beeren, Äpfel und Gräser sowie kleinere Vögel und Säugetiere. Bevorzugte Beute der sprichwörtlich schlauen Jäger sind Mäuse – deren Geräusche können sie übrigens noch aus 150 m Entfernung hören! Gejagt wird gewöhnlich am Abend, und acht Kilometer pro Tag sind die Regel, wenn sie ihr Revier durchstreifen. Trotz ihres Namens sind Rotfüchse keineswegs immer rot; es gibt auch braune, silbergraue, schwarze und gelbliche Tiere. Die Schwanzspitze ist jedoch stets weiß.
*Canon EOS-IV, Canon-EF-Objektiv 500 mm, 1/125 Sekunde bei Blende 11, Fujichrome Velvia 100*

**113** Bartkauz
*Strix nebulosa*
Oregon, Vereinigte Staaten

Diese Aufnahme enthüllt den Tarntrick eines Bartkauzes. Er hat sich vor einem Muster niedergelassen, das seiner eigenen Tarnfärbung perfekt entspricht – in diesem Fall ist es der Stamm einer Douglasie. Von vielen Eulenarten ist bekannt, dass sie Körperhaltungen einnehmen, die unbelebte Gegenstände aus ihrer Umgebung nachahmen. Wenn dieser Vogel seine großen Nachtaugen schließt, ist die Mimese perfekt, und er löst sich praktisch auf. Die große Eule wurde erstmals 1772 während Captain Cooks zweiter Weltreise beschrieben. Bartkäuze bewohnen eine Reihe bewaldeter Lebensräume von Alaska über Kanada bis in den Norden des Bundesstaats Minnesota. Es sind kräftige, gewandte Jäger, die ihre Beute allein nach Gehör orten und kleine Nagetiere schlagen können, die 30 cm unter der Schneedecke laufen! Merkwürdigerweise frisst die größte Eule der Welt mit die kleinsten Beutetiere: In Alaska und Kanada stellen Wühlmäuse ihre Lieblingsspeise dar, in Kalifornien sind es Taschenratten. Der Ruf eines Bartkauzes klingt wie ein weiches, tiefes »Huuu-uuu-uuu-uuu«, doch bei Erregung kann er regelrecht kreischen, und wenn er sich bedroht fühlt, spreizt er seine Flügel, schnappt mit dem Schnabel und knurrt!
*Canon EOS-1Ds, Canon-Objektiv 500 mm, 1/8 Sekunde bei Blende 16, digitale Aufnahme, ISO 100*

**114** Sägekauz
*Aegolius acadicus*
Washington, Vereinigte Staaten

Ein winziger Sägekauz macht sich seine Tarnung zunutze und versteckt sich zwischen einer Fülle flaumig weicher Weidenkätzchen. Der nur 75 bis 110 g schwere (so viel wiegt ein Rotkehlchen!) Vogel gehört zu den kleinsten Eulenarten Nordamerikas. Dass kaum jemand die kleinen Beutegreifer zu Gesicht bekommt, hängt freilich auch damit zusammen, dass sie vorwiegend nachtaktiv sind. Tagsüber ruhen sie – dank ihres braun gesprenkelten Gefieders, das obendrein weiße Streifen und Tupfen zeigt, gut versteckt – in bodennahem Laub. Um die Tarnung zu vervollkommnen, strecken sie ihren Körper, damit er einem abgestorbenen Ast gleicht, und legen einen Flügel vor ihre Körpervorderseite, um die stark befiederten Beine und Füße zu verbergen. Sägekäuze bewohnen Nadel- und Laubwälder und nisten in verlassenen Spechthöhlen. Bei Nacht hocken sie still und reglos auf einem Zweig und setzen ihr außerordentlich scharfes Gehör und die exzellenten Augen ein, um Beutetiere zu orten. Bevor das ahnungslose Opfer noch richtig merkt, wie ihm geschieht, hat der Kauz von seinem Ansitz aus schon zugeschlagen.
*Canon EOS-1N, Canon-EF-Objektiv 80–200 mm mit Canon-Extender (Brennweitenverlängerung) 1,4, 1/60 Sekunde bei Blende 11, Fujichrome Velvia 100*

**117** Stutzechse
*Trachydosaurus rugosus*
Südaustralien, Australien

Eine Stutzechse linst mit einem Auge aus ihrem Blätterversteck hervor. Diese bizarr aussehende Echse, die in Australien heimisch ist, wird 30 bis 45 cm lang. Ihr gedrungener dunkelbrauner Körper ist mit rauen, stark gekielten Schuppen bedeckt, denen das Reptil seinen zweiten volkstümlichen Namen verdankt: Tannenzapfenechse. Stutzechsen bewohnen Eukalyptuswälder, Graslandschaften und den australischen Busch. Die scheuen tagaktiven Tiere ernähren sich von Insekten, Schnecken und Aas, aber auch von Früchten. Ihre kräftige Zunge dient zum Trinken, Fressen und Riechen. Außerdem überrascht und erschreckt die Stutzechse damit Fressfeinde: Geht sie in Drohstellung, sperrt sie ihr Maul auf, zischt laut und streckt ihre leuchtend blaue Zunge heraus. Des Weiteren besitzt die Echse – was auch ihren deutschen Namen begründet – einen »Stummelschwanz«, der so ähnlich geformt ist wie ihr Kopf. Auf den ersten Blick kann man also den Eindruck gewinnen, es handle sich um ein Tier mit zwei Köpfen!
*Canon EOs-1N, Canon-EF-Objektiv 80–200 mm, 1/4 Sekunde bei Blende 22, Fujichrome Velvia 50*

**118** Gelege der Küstenseeschwalbe
*Sterna paradisaea*
Yukon Territory, Kanada

Zwei Eier einer Küstenseeschwalbe liegen zwischen Steinen verborgen neben einer verwitterten Karibukiefer im kanadischen Yukon Territory. Die Küstenseeschwalbe ist ein kleiner, bildschöner Vogel, der in der arktischen Tundra (jenseits des Polarkreises) brütet. Für den Winter fliegt sie an den Rand des antarktischen Packeises – mehr als 35 000 km legt ein Tier so pro Jahr zurück (das entspricht in etwa dem Erdumfang!). Küstenseeschwalben legen ein bis drei Eier auf den nackten Boden, häufig besteht das »Nest« aus gerade einmal ein paar kleineren Kieseln. Dabei sind die Eltern überaus wachsam und wehrhaft und greifen jeden, der ihr Gelege bedroht, im Sturzflug an. Nach rund drei Wochen schlüpfen die flauschigen Küken. Beide Eltern bringen ihnen drei bis vier Wochen lang kleine Fische aus dem Meer. Danach lernen sie selbst fliegen und nach Beute tauchen.
*Canon EOS-1Ds, Canon-EF-Objektiv 24–70 mm, 1/15 Sekunde bei Blende 16, digitale Aufnahme, ISO 400*

**119** Drosseluferläufer
*Actitis macularia*
Yukon Territory, Kanada

Ein junger Drosseluferläufer wartet auf die Rückkehr seines Vaters. Damit er keinem Fressfeind auffällt, hockt er praktisch unbeweglich im welken Laub. Die Tarnfärbung tut ein Übriges. Drosseluferläufer brüten in weiten Teilen Nordamerikas und sind an See- und Flussufern ein häufiger Anblick. Das Weibchen ist größer und auch das dominante Geschlecht. In einem interessanten Rollentausch kämpfen weibliche Drosseluferläufer miteinander um die Gunst eines noch freien Männchens. Die Siegerin paart sich mit ihm – und überlässt es ihm dann, das Gelege auszubrüten und sich nach dem Schlüpfen um die Küken zu kümmern. Sobald sie ihre Eier gelegt hat, fliegt sie sofort wieder los, um sich mit weiteren Männchen zu paaren. So ist eine größtmögliche Zahl Nachkommen sichergestellt. Die einzige Beschränkung bei diesem polyandrischen Fortpflanzungssystem besteht in der Anzahl verfügbarer Männchen. Gut in der Vegetation verborgen, liegen die Nester von Drosseluferläufern gewöhnlich unter einem Baumstamm in der Nähe von Süßwasserseen oder -flüssen. Die Brutzeit beträgt 21 Tage, und nach weiteren 17 bis 21 Tagen können die Jungvögel bereits fliegen.
*Canon EOS-1Ds, Canon-EF-Objektiv 90 mm, 1/15 Sekunde bei Blende 22, digitale Aufnahme, ISO 200*

## 121 Nest des Amerikanischen Sandregenpfeifers *Charadrius semipalmatus*

Yukonterritorium, Kanada

Sehen Sie sie? Ein Amerikanisches Sandregenpfeiferweibchen hat in einer flachen Mulde im kanadischen Yukonterritorium drei beigefarbene Eier gelegt, die dank dunkelbrauner und schwarzer Fleckung so gut wie unsichtbar sind. Beachten Sie, wie perfekt die Eier sich in die Umgebung einfügen – sie haben exakt dieselbe Färbung wie die Steine, in deren unmittelbarer Nachbarschaft sie liegen. In vorwiegend sandigen Regionen verbergen Sandregenpfeifer ihr Nest mit kleinen Muschelstückchen und Kieseln. In der Tundra polstern sie es mit Pflanzenteilen. Männchen und Weibchen wechseln sich beim Bebrüten des Geleges ab. Nach knapp einem Monat schlüpfen die Jungen, drei Wochen später sind sie flügge.

*Canon EOS-1Ds, Canon-EF-Objektiv 70–200 mm, 1/4 Sekunde bei Blende 22, digitale Aufnahme, ISO 50*

## 122 Gepard *Acinonyx jubatus*

KwaZulu-Natal, Südafrika

Ein durchdringender Blick richtet sich durch das trockene Gras des Phinda-Wildreservats in Südafrika auf den Betrachter. Die bernsteingelben Augen gehören einem Geparden, der sich im hohen Gras versteckt, um Beutetieren aufzulauern. Zu sehen ist lediglich der Kopf der Großkatze. Geparden sind ausgesprochen scheu, doch weil sie tagaktiv sind, zählen sie zu den auffälligsten Raubtieren des Schwarzen Kontinents. Die schnellen herrlichen Katzen sind Einzelgänger und Augenjäger. Haben sie ein Opfer erspäht, nähern sie sich ihm wie eine unsichtbare Luftströmung und schleichen sich unhörbar bis auf 50 bis 100 m an. Dann aber verlässt der Gepard seine Deckung und springt, einer gespannten Feder gleich, los. Der lange Schwanz wird zur Balancierstange, muskulöse Beine und ein schlanker, wendiger Körperbau ermöglichen hohe Geschwindigkeit und abrupte Richtungswechsel. Gelingt der gefleckten Raubkatze der Angriff, dann reißt sie ihr Opfer – bevorzugte Beute sind Antilopen – und tötet es umgehend mit einem Erstickungsbiss.

*Canon EOS-1N/RS, Canon-EF-Objektiv 70–200 mm, 1/15 Sekunde bei Blende 22, Fujichrome Velvia 50*

## 123 Uhu mit Wanderelster *Bubo bubo mit Dendorcitta vagabunda*

Rajasthan, Indien

Gleich auf den ersten Blick fällt das kräftig gefärbte Gefieder der Wanderelster ins Auge, die auf einem Felsblock im indischen Ranthambore-Nationalpark sitzt. Aber schauen Sie noch einmal genauer hin: Unmittelbar oberhalb dieses markanten Vogels verbirgt sich nämlich, gut getarnt, ein Uhu. Seine stechenden orangefarbenen Nachtaugen werden von einem charakteristischen beige-schwarzen Gesichtsschleier umrahmt, und das Brustgefieder lässt den großen Greifvogel dank dunkler welliger Bänderung mit dem trockenen Gras eins werden. Mit einer Höhe von über 50 cm und Flügelspannweiten zwischen 1,50 und 1,80 m sind Uhus starke Beutegreifer, die fast alles fressen, was sich bewegt: von Käfern und Eidechsen über Krebse bis hin zu kleinen Säugetieren und Vögeln. Sogar andere Eulen fallen ihnen zum Opfer. Mäuse und Ratten stehen ganz oben auf dem Speisezettel, und in Küstenregionen werden auch Enten und Seevögel nicht verschmäht. Uhus gehen oft lebenslange Paarbeziehungen ein, und Männchen und Weibchen stimmen zur Balz regelrechte Duette an.

*Canon EOS-1Ds, Canon-EF-Objektiv 500 mm mit Canon-Extender 2,0, 1/15 Sekunde bei Blende 16, digitale Aufnahme, ISO 200*

## 125 Augenspinner *Titaea tamerlan*

Colón, Panama

Einem welken Blatt gleich, sitzt ein Augenspinner auf dem Regenwaldboden der zu Panama gehörigen Insel Barro Colorado. Seine Mimese ist wirklich ein Meisterstück: Dunkle Flecken auf den Flügeln imitieren verrottende oder angefressene Stellen der umliegenden Blätter. Dieser Falter kann als hervorragendes Beispiel für Arten gelten, die sich, obwohl den Blicken ausgesetzt, zu verbergen wissen – oft direkt unter der Nase ihrer Fressfeinde. Um eine solch vollkommene Täuschung zu erreichen, muss der Falter sich aber auch seinem Erscheinungsbild entsprechend verhalten, das heißt, er muss absolut reglos verharren. Derartige Anpassungen zeigen, wie stark die Evolution durch natürliche Selektion geprägt wird. Nur die am meisten angepassten – in diesem Fall die am besten getarnten – Individuen überleben und können sich fortpflanzen.

*Canon EOS-1N, Canon-EF-Objektiv 80–200 mm, 2 Sekunden bei Blende 22, Fujichrome Velvia 50*

## 126 Schwärmer *Sphingidae (Unterfamilie)*

Maine, Vereinigte Staaten

Ein Schwärmer sitzt auf einem Baumstumpf in den Wäldern von Hog Island im US-amerikanischen Bundesstaat Maine. Das Insekt nutzt übereinstimmende Färbung und kontrastreiche Zeichnungselemente, um sich unsichtbar zu machen. Die Farben lenken den Blick vom dunklen Kopf (oben) weg und hin auf die helleren Flügelspitzen und den Bauch (unten), die hinsichtlich Form und Farbe einem wesentlich kleineren Falter gleichen. Doch wenn es darum geht, Fressfeinde zu überlisten, haben Falter noch ein paar andere Tricks auf Lager. Bei nächtlichen Flügen senden manche Arten Störsignale aus, um dem Suchradar von Fledermäusen zu entgehen. Diese Art von Radartarnung funktioniert eine ganze Weile – bis die Fledermäuse die Täuschung bemerken und die Quelle der Störsignale angreifen. Andere Nachtfalter werden zu regelrechten Luftakrobaten, um dem Gefressenwerden zu entgehen. Kommt ihnen ein Vogel oder eine Fledermaus zu nahe, beginnen sie plötzlich völlig unberechenbare Flugmanöver oder lassen sich ganz einfach ein Stück weit zu Boden fallen.

*Nikon F3, Nikkor-Makroobjektiv 55 mm, 1/8 Sekunde bei Blende 16, Fujichrome 100*

*Für meinen alten Freund*
*Tom Boyden* B.L.S.


**DANK**

**WISSENSCHAFTLICHE BERATUNG:**
Dr. Gary M. Stolz,
U.S. Fish & Wildlife Service

**PRODUKTIONSTEAM, MARQUAND BOOKS**
Ed Marquand
Zach Hooker
Marie Weiler
Jennifer Sugden
Carrie Wicks
Marissa Meyer
Lydia Jenson
Gretchen Miller
Marta Vinnedge
Linda McDougall
Larissa Berry
Michael Zuberbier
Kate Miss

**FREIE MITARBEIT**
Kris Fulsaas
Anne Moreau

**PRODUKTIONSTEAM, ART WOLFE, INC. UND WILDLANDS PRESS**
Deirdre Skillman
Julie Sotomura
Christine Larsen
Christine Eckhoff
Kate Campbell, Lisa Woods, Craig Scheak und Riko Chock

Dr. Annette Aiello, Smithsonian Tropical Research Institute
Anna Maria Alvarado, Smithsonian Tropical Research Institute
Daryl & Sharna Balfour
Colin Bell, Wilderness Safaris
Aldo Brando
Gretchen Daiber
Lucy Byrd Dorick, Smithsonian Tropical Research Institute
Tom Faess
Steve and Nicky Fitzgerald, Conservation Corporation Africa
Edgar Fortune, Woodland Park Zoo
Gregory Green
Gavriel Jecan
Danny Kent, Vancouver Aquarium
Guillermo Knell, Field Museum of Chicago
Philip Kramer
Tom Kogut
Bob Pearson
Alfredo Maiquez
James & Terrie Martin
Richard McEnery
Heather Murphy
Eduardo Nycander
Mark Penniger
Kariann Pettibone
David Sattler
Leo Shaw, Seattle Aquarium
Steve Turner
Rudolf von May
Elizabeth Watson, Watson Graphics
Stuart & Michele Westmorland
Emily Wilson
Luis Zapater, Rainforest Expeditions


Art Wolfe lädt Sie ein, seine Website zu besuchen:
**www.artwolfe.com**
Mehr über Barbara Sleeper erfahren Sie auf ihrer Website:
**www.barbarasleeper.com**

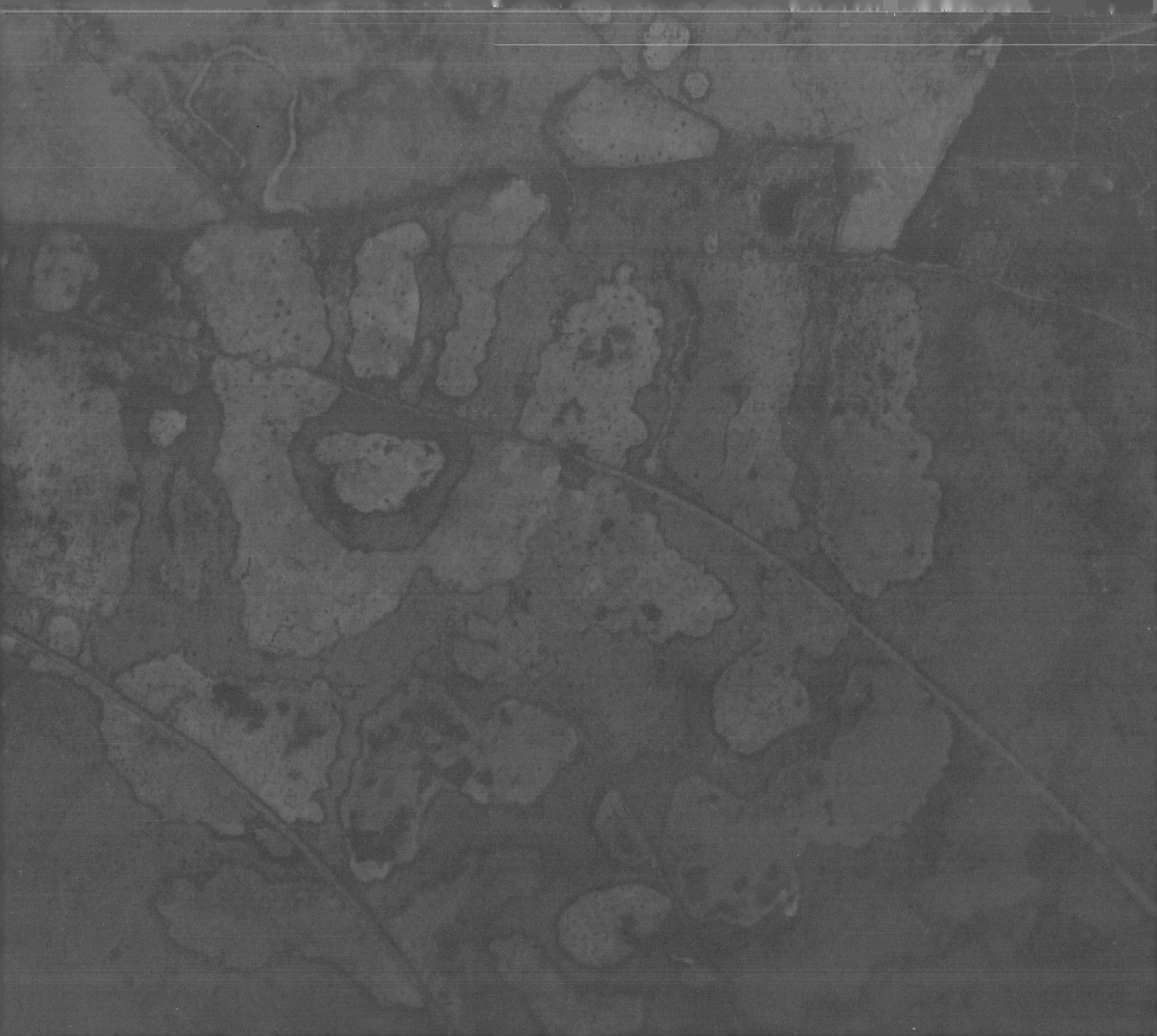